Harald Pühl

Konflikt-Klärung

D1985870

Reihe
OrganisationBeratungMediation
herausgegeben von Dr. Harald Pühl

Bibliographische Information Der Deutschen Bibliothek:
Die Deutsche Bibliothek verzeichnet diese Publikation in der Nationalbibliografie; detaillierte bibliografische Daten sind im Internet über http:// dnb.ddb.de abrufbar.

Originalausgabe 2010

2. Auflage 2013

© 2010 by Ulrich Leutner Verlag, Berlin
Ulrich Leutner Verlag, Zehntwerderweg 197, 13469 Berlin
www.leutner-verlag.de

Alle Rechte vorbehalten. Wiedergabe in jeglicher Form - auch auszugsweise - nur mit schriftlicher Genehmigung des Verlages.

Satz und Layout: Ulrich Leutner Verlag
Cover: Ulrich Leutner Verlag
Druck: Beltz Bad Langensalza GmbH

ISBN 978-3-934391-49-9

Harald Pühl

Konflikt-Klärung

in Teams und Organisationen

Leutner

Inhalt

Vorwort 7

Einleitung: Konfliktmanagement in Organisationen 9

Kapitel I: Zum Konflikt-Verständnis 12

Machen Konflikte “Sinn” und was bewirken sie? 12

Was ist ein Konflikt? – Konfliktdefinitionen 16

Kapitel II: Spezifika der Organisationsmediation 38

Definition 38

Mediation ist (in vielen Fällen) Krisenintervention 41

Implizite Mediation 45

Die sieben Phasen der Organisationsmediation 46

Prinzipien der Mediation 56

Kapitel III: Supervision und Mediation 67

Mediation 68

Supervision 75

Kapitel IV: Beratung als Verbindendes? 82

Zum Beratungsbegriff 82

Begleiten vs. Instruieren 88

Kapitel V: Gemeinsamkeiten:
Mediative und supervisorische Kompetenzen 93

Zur Berater-Haltung oder: Der Umgang mit Unsicherheit 96

Auftragsklärung und Sondierung: Beratung über Beratung 103

Vom Erstkontakt bis zur Auswertungssitzung 109

Dreieckskontrakt 114

Perspektivwechsel 123

Die Elefantengeschichte 123

Kapitel VI: Konfliktmoderation 126

"Meilensteine" der Konfliktmoderation in der Teamentwicklung 127

Drei Beispiele aus meiner Praxis:
Konfliktmoderation als Krisenintervention 131

Resümee: Mediation und Organisationsentwicklung 144

Kapitel VII: Konfliktbearbeitung in Supervision 144

Fallbeispiele:
Konfliktbearbeitung in der Teamsupervision 146

1. Sozialpädagoginnen fühlen sich den Aggressionen ihrer Klientinnen hilflos ausgesetzt
2. Wut und Hilflosigkeit nach einer Team-Fusion
3. Eine Mitarbeiterin im Team wird ausgegrenzt
4. Eine grobe Beleidigung in der Teamsupervision

Fazit 160

Kapitel VIII: Supervision und Mediation im Doppelpack:
Das Patchworkmodell (Fallbeispiele) 162

1. Leitungssupervision und Mediation 162
2. Mediation innerhalb einer Teamsupervision 166
3. Mediation nach einer Teamsupervision 169
4. Verfahrensmix: Coaching, Mediation und OE 180

Kapitel IX: Internes Konfliktmanagement 185

Beispiel: Bezirksamt Friedrichshain-Kreuzberg von Berlin 187
Fazit 191

Anmerkungen 193

Literatur 199

Vorwort

Ein Buch über *Konflikt-Klärung* zu schreiben ist für mich eine besondere Herausforderung und Freude. Viele von Ihnen wissen, dass ich jetzt mehr als 30 Jahre als Supervisor auf dem Weg bin und vorrangig Arbeitsteams, Führungskräfte und Organisationen berate. Angefangen habe ich in den 70er Jahren mit der Supervision von Teams, die sich ausnahmslos an uns wandten, weil sie Konflikte untereinander oder mit ihrer Leitung hatten und alleine keinen Weg zur Klärung fanden. Auf diesem Hintergrund entstand auch mein erstes Buch "Teamsupervision – Gruppenkonflikte erkennen und lösen"[1]. Auch hier ging es um massive Konflikte, die sich zuerst an den betreuten Kindern abbildeten, wobei sich aber bald zeigte, dass es in der Mitarbeitergruppe eine Spaltung gab und die Arbeitsbeziehung zur vorgesetzten Leitung ungeklärt war. Wir versuchten nach bestem gruppenanalytischen Wissen und Gewissen hier Licht in das Dunkel zu bringen und die Beteiligten in die Lage zu versetzen, ihre Situation besser zu meistern.

Ich führe hier meinen Weg etwas aus, weil ich oft gefragt werde, wie ich denn zur Mediation gekommen sei. Unter Mediation verstehe ich in unserem Kontext Organisations- bzw. Wirtschaftsmediation, also ein Verfahren, dass sich ebenfalls an Menschen wendet, die in Arbeitskontexten tätig sind und dort Konflikte klären möchten. Da ich den konkreten Anlass, mich mit diesem Verfahren zu beschäftigen, nicht mehr genau lokalisieren kann, erscheint es mir eine logische Entwicklung zu sein, mich mit Konfliktlösungsverfahren vertraut zu machen, weil ich damit über Jahrzehnte beruflich – und privat – zu tun habe. Inzwischen habe ich hier ebenfalls eine Ausbildung absolviert und bilde selbst vornehmlich SupervisorInnen und OrganisationsberaterInnen aus.

Diese Erweiterung meines Repertoires blieb nicht ohne Rückwirkungen auf meine Beratungsarbeit. Daran möchte ich die Leserinnen und Leser dieses Buches teilhaben lassen. Auch wenn ich durch die eigene Berufsbiografie vieles aus der Perspektive des Supervisors und Organisationsberaters schreibe, der die Mediation als sinnvolle Ergänzung entdeckt hat, werde ich mich ebenfalls um den Perspektivenwechsel bemühen und die Chancen nicht unter den Tisch fallen lassen, welche sich Mediatoren bietet, sich den anderen Modellen der Prozessberatung zu nähern.

Wenn sich Berater zuerst mit Mediation beschäftigen und als Einführungslektüre den Klassiker von Christoph Besemer lesen, werden sie sich mit Recht fragen, ob sie denn nicht Vieles von dem sowieso schon in ihrer Praxis anwenden, ohne es so zu nennen. Das mag auf den ersten Blick so scheinen, in manchen Teilen auch zutreffen, doch wie immer in solchen Fällen: Der Teufel zeigt sich im Detail und damit in der Praxis.

Umgekehrt können sich MediatorInnen verführt sehen, ausreichend supervisorische Anteile in der Mediation wiederzufinden, die es ihnen angemessen erscheinen lassen, auch in diesem Feld tätig zu werden, z.B. als Teamentwickler[2] oder Organisationsberater. Sie merken, mir ist es ein Anliegen, die angesprochenen Verfahren als eigenständige zu würdigen und gleichzeitig aufzuzeigen, wo und wie sie sich befruchten können.

Meine feste Überzeugung nach Jahren der Erprobung ist, dass Mediation und verwandte Formen der Prozessberatung – wie Supervision, Organisationsberatung und Coaching - sich in beruflichen Kontexten durch eine hohe Kompatibilität auszeichnen. Das soll das Plädoyer meiner folgenden Ausführungen sein.

Ich würde mich über Leserinnen und Leser aus dem eigenen Berufsumfeld freuen wie auch über Verantwortliche in Organisationen, die über die erste Weichenstellung eines Beratungsprozederes entscheiden. Durch die Verbindung von Theorie und Praxisfällen hoffe ich, Ihnen für Ihre Arbeit wertvolle Anregungen geben zu können.

Berlin, im Frühjahr 2010

Einleitung

Konfliktmanagement in Organisationen

Konfliktmanagement in Organisationen wird bisher in erster Linie nach dem Gießkannenprinzip betrieben. An Stellen, an denen bedrohliche Brände auftauchen, wird versucht zu löschen. In der Not kommen manchmal Methoden zum Einsatz, die an die Bilder im Fernsehen erinnern, wenn bei großen Waldbränden die Menschen mit Ruten und Wassereimern versuchen, die Katastrophe zu bändigen. So können wir es teilweise auch in Organisationen beobachten: Da werden Trainings, Weiterbildungen, Teamentwicklungen, Coachings oder Organisationsberatungen eingekauft, um das Räderwerk am Laufen zu halten. Ihre Wirkung ist schwer abschätzbar, aber man hat etwas unternommen und hofft auf eine wohltuende Wirkung. Keine Frage, dass dies häufig auch der Fall ist.

Andererseits zu glauben, man könne alles planen und vorhersehen, erweist sich bei genauer Betrachtung als Omnipotenz. So mag es auch beim >Betrieblichen Konfliktmanagement< sein, wenn es darum geht, verschiedene Interventionsstrategien abzustimmen. Es ist in meinen Augen eher das offene Eingeständnis, dass es in der Organisation immer wieder zu Konflikten – auf welcher Ebene und aus welchen Gründen auch immer – kommen wird. Dabei ist es hilfreich, entsprechende Sicherungen einzubauen, um nicht wie im Bild des Waldbrandes auf untaugliche Mittel zurückgreifen zu müssen.

Ein etabliertes Konfliktmanagementsystem bietet den Arbeitnehmern die Chance, ihre Arbeitsatmosphäre und Arbeitsbedingungen zu verbessern. Je höher die Akzeptanz der Entscheidungsträger – Führungskräfte, Mitarbeitervertretung, Personalabteilung – ist, desto stärker wirkt es auf die Konfliktkultur der Organisation positiv und trägt damit auch einen Aspekt von betrieblicher *Gesundheitsfürsorge*.

Im Zusammenhang mit *betrieblichem Konfliktmanagement* geht es mir hier in erster Linie darum, die Möglichkeiten auszuloten, die zum einen in der Integration der Mediation mit verschiedenen Beratungsverfahren liegen - speziell mit Supervision und Organisationsberatung - und zum anderen in der Mediation als direktem Verfahren - und dies alles primär aus der Sicht des externen Beraters. Die stärkere Akzentuierung auf die Wechselbeziehungen zwischen Supervision und Mediation erklärt sich durch die fortgeschrittene Diskussion besonders auf Seiten der Supervisoren. "Besonders das Verhältnis von Mediation und Supervision ist klärungsbedürftig ...", so war es in der Mitgliederzeitschrift der Deutschen Gesellschaft für Supervision e.V. (DGSv) im Jahre 2004 zu lesen. Und: "Auf jeden Fall ist das unverbundene Nebeneinander der beiden Professionen ein echtes Qualitätsproblem ...". Vielleicht ist das Buch ein klärender Beitrag in diese Richtung. Erfreulich an der DGSv-Aussage ist, dass es nicht bei der bloßen Feststellung geblieben ist. Eine DGSv-Arbeitsgruppe aus Supervisoren, die auch Mediatoren sind, kam zu dem Ergebnis, dass das Beratungsangebot Mediation auch eine entsprechende Ausbildung nach den geltenden Standards voraussetzt.[3] In den Ausbildungen, die ich bisher speziell für SupervisorInnen und OrganisationsberaterInnen angeboten habe, kamen die TeilnehmerInnen zu dem einhelligen Ergebnis, dass die Ausbildung über das bisher Erlernte hinaus geht und wie bei vielen Dingen "der Teufel im Detail steckt".

Wenn ich im Folgenden stärker auf das Verhältnis von Supervision und Mediation fokussiere, dann weil hier die Diskussion am weitesten fortgeschritten ist. Im Kontext von Organisationsberatung und Mediation ist besonders das kenntnisreiche Buch von Winfried Kerntke mit dem irreführenden Titel ‚Mediation als Organisationsentwicklung' zu nennen.

Wie immer, wenn sich etwas Neues auftut, ist nicht mit ungeteiltem Applaus zu rechnen. Dies richtet sich in erster Linie an gestandene

SupervisorInnen und OrganisationsberaterInnen, die sich zurecht fragen, ob sie sich jetzt auch noch in Mediation fortbilden müssen, wo sie doch schon so viele Weiterbildungen geschultert haben. Vielleicht handelt es sich ja auch nur um eine Modewelle, die wie so viele andere wieder abebbt. Auf diesem Hintergrund kann man Martin Johnsson verstehen mit seinen >Gedanken zur Begegnung zweier Beratungsmethoden<, wo er durch allerlei philosophische Exkurse zu dem Ergebnis kommt, dass doch die >Supervisoren die besseren Mediatoren< seien. So ganz sicher scheint aber auch er nicht zu sein, fügt er seiner Vita ebenfalls Mediation als Angebot hinzu.[4] Aus allen Veränderungsprozessen in Organisationen – und im persönlichen Bereich nicht minder – wissen wir, dass Angst ein steter Begleiter bei Veränderungen ist und automatisch Identitätsängste mobilisiert.

Die Richtung eines Zusammenwachsens verschiedener Beratungsverfahren lässt sich nicht mehr aufhalten. Zu komplex sind inzwischen die Anforderungen. Und diese Anforderungsseite spiegelt sich auch bei den Professionellen wider. Es wird so aussehen, dass Berater verschiedene Beratungsverfahren erlernen müssen und sie dann je nach Bedarf mixen.

Im Grunde könnte das Buch auch die Überschrift *Konfliktmanagement* im Titel tragen. Die Bearbeitung von Konflikten auf den verschiedenen Hierarchieebenen gehört grundsätzlich zu den Aufgaben der jeweiligen Vorgesetzten. Praktisch kann das bedeuten, dass die Führungskraft sich in Verfahren der Konfliktvermittlung oder dem Verhandeln fortbildet oder sich durch ein persönliches Coaching Unterstützung sichert, um in ihrem Team für eine offene und konstruktive Arbeitsweise zu sorgen als gute Voraussetzung für das Ausbalancieren von Widersprüchen. Dass das eine schöne Illusion ist, wissen wir aus zahlreichen Untersuchungen und persönlichen Erfahrungen. Deshalb wird es immer notwendig sein, auf externe Unterstützung zurückzugreifen. Dazu finden sich zahlreiche Beispiele in diesem Buch.

Kapitel I
Zum Konflikt-Verständnis

Zuerst möchte ich der Frage nachgehen, ob Konflikte, die ja erst mal als unliebsam erlebt werden, auch einen Sinn haben können. Im Folgenden werden wir uns Konfliktdefinitionen nähern, um unser Verständnis von Konflikten zu schärfen.

Machen Konflikte "Sinn" und was bewirken sie?

Konflikte werden in der Regel als lästig, ja als überflüssig betrachtet. Manchmal führt schon (wohlmeinende) Kritik zu Konflikten bzw. wird konflikthaft verarbeitet. Manche Mitmenschen betonen ihr Harmoniebedürfnis und zeigen damit wie schwer es ihnen fällt, Konflikte als zum Leben dazugehörig zu akzeptieren. Nun sind allerdings Veränderung und Bewegung, ganz allgemein können wir auch von Evolution sprechen, ohne Konflikte nicht vorstellbar.

Sigmund Freud hat wohl als erster in seiner Konflikttheorie deutlich gemacht, dass seelische Konflikte auch eine Chance zum Verstehen bieten. Er schreibt "das Symptom sei hilfreich" (1917, S. 264) und meint damit, dass (seelische) Konflikte verstehbar und damit potenziell heilbar sind. Verhärtete Standpunkte oder Positionen, wie sie sich in eskalierten Konflikten manifestieren, können wir in diesem Sinne ebenfalls wie ein Symptom verstehen. Ich denke dabei an das Bild des Eisberges, das in der Mediation zur Veranschaulichung immer herangezogen wird. Es symbolisiert, dass ein Konflikt erst dann im Konsens gelöst werden kann, wenn wir in die tiefere, verborgene Schicht vordringen, dorthin wo wir die Interessen und Bedürfnisse freilegen müssen. Hier gleicht der Weg der Mediation dem der Psychoanalyse. Bei letzterer finden wir den Weg zum Verständnis der Konfliktdynamik, die sich im Symptom verbirgt, durch die Wege zum Unbewussten. In der Mediation finden wir einen Zugang, indem wir die tiefere Schicht über die Klärung der Interessen und Bedürfnisse freilegen.

In fast allen organisationellen Konflikten verbirgt sich im Konflikt eine alte Kränkung oder Verletzung. Auf der kollegialen Ebene beobachte ich häufig, dass sich ein Kollege benachteiligt fühlt, weil ein jüngerer Kollege bei der Besetzung einer Leitungsstelle bevorzugt wurde.

Gerhard Schwarz, Philosoph und Unternehmensberater, vermeidet in seinem Standardwerk “Konfliktmanagement” eine Konfliktdefinition und spricht statt von Konflikt lieber “vom Sinn eines Phänomens” (S. 15ff.) Dazu zählt für ihn in erster Linie “vorhandene Unterschiede zu verdeutlichen”. Diese finden wir in allen Organisationen aufgrund ihrer Hierarchisierung und Arbeitsteilung vor und damit innerhalb von Arbeitsteams und zwischen Führung und Team. Damit das Ganze trotz der damit zwangsläufig entstehenden Konkurrenz zwischen den MitarbeiterInnen und dem Prinzip der Über- und Unterordnung überhaupt funktionieren kann, kommt Schwarz zu dem Ergebnis:

- **“Konflikte stellen die Einheitlichkeit einer Gruppe her”**

Und zwar durch Überwindung von Unterschieden. Unterschiede entstehen immer dann, wenn Außenseiter, die z.B. exponiert ihre Meinung äußern, nicht integriert werden können. Bekannt in diesem Zusammenhang ist das Sündenbockphänomen.

An anderer Stelle habe ich die Sündenbockposition folgendermaßen beschrieben: “Der Sündenbock verkörpert für alle anderen eigene unbewusste Anteile, die als bedrohlich für das eigene Ich erlebt werden. Wo einfaches Verleugnen nicht ausreicht und andere Sicherungsmanöver nicht erfolgreich das psychische Wohlbefinden aufrechterhalten können, kann sich das Projizieren von ich-fremden Trieben und Merkmalen auf andere Personen als letzter Rettungsanker erweisen. Gegen das abgelehnte Gruppenmitglied wenden sich Projektionen der übrigen Gruppe, die sich zu einer gemeinsamen unbewussten Abwehrstrategie zusammengefunden hat. Prädestiniert für diese Rolle des Sündenbocks sind Personen, die von der Gruppennorm abweichen, stark ihrer Individualität Ausdruck geben oder Schwierigkeiten im Umgang mit Aggressionen haben, dabei zugleich unbewusst die angstbesetzten Teile der jeweiligen Gruppe anrühren und aufwühlen, ungewollt ins Wespennest stechen und die Latenz aktualisieren. So werden Sündenböcke ebenso wie abtrünnige Verräter streng bestraft, weil sie das von der Gruppe entwickelte Abwehrsystem in Frage stellen." [5]

Irgendwann gibt der Außenseiter seine Rolle auf, zieht sich zurück und fügt sich der Norm des Teams, wenn seine Beiträge nicht als hilfreich anerkannt werden. Dann brodelt es u.U. im Untergrund weiter. Der Konflikt wird zu einem "kalten Konflikt" wie Glasl sagen würde.

Aber auch übermäßiger Erfolg eines Teammitgliedes gefährdet die Norm und kann zu Konflikten wie Neid und Eifersucht führen. "Mach uns nicht die Preise kaputt" war der erste Satz, den ich lernte als ich einige Zeit als Kraftfahrer jobbte. Gemeint war damit, den LKW nicht vor den Kollegen auf dem Hof abzustellen. (Das kam mir entgegen, so konnte ich zwischendurch nach Hause fahren und in Ruhe ein kleines Nickerchen machen.) Zusammenfassend kommt Schwarz zu dem Ergebnis, dass "der Sinn eines Konfliktes sowohl in seiner Funktion des Trennens als auch seiner gegenteiligen Funktion des Vereinens liegt." (S. 22) Und er zieht daraus das Resümee: *"Der Versuch, dieses Spannungsverhältnis aufzuheben, würde Stillstand, das ist geistiger Tod, bedeuten"* (S. 27).

Schwarz bezeichnet das oben Beschriebene als den Grundwiederspruch, aus dem sich andere Gruppenkonflikte (nun spricht er doch wieder von Konflikten!) ableiten lassen, z.B.:

➤ "Der Sinn von Konflikten liegt in der Komplexität"

Erst durch Auseinandersetzungen treten Interessen, Vorlieben und Bedürfnisse ans Tageslicht. Durch die Form konflikthafter Kommunikation kann die Eigenart des Handelns, die Vielfältigkeit von Lebensäußerungen und Individualität sichtbar werden. Durch diese Aushandlungsprozesse ist eine Gruppe besser in der Lage, mehrere Ansichten gleichzeitig zu berücksichtigen, als dies einer Einzelperson möglich wäre. Dies genau ist die besondere Qualität einer Gruppe bzw. eines Arbeitsteams.

➤ "Konflikte garantieren Veränderung"

Durch Rückgriff auf geschichtliche und entwicklungsgeschichtliche Veränderungsprozesse begründet Schwarz seine These vom Bedeutungssinn der Weiterentwicklung von Gruppen und Organisationen. Das Motto: "Das Alte hat ausgedient, das unsichere Experiment des Neuen muss gewagt werden" begründet seine Annahme, dass Ablösungskonflikte auch identitätsbildend sind. (S. 27)

➤ Der "Sinn der Konflikte in Unternehmen"

Organisationen sind immer in Veränderung. Je mehr Widerspruch eine Organisation in diesem Wandelprozess verträgt, je besser kann sie sich weiterentwickeln, so die These von Schwarz (S. 29f). Deshalb bricht er ein Tabu und plädiert dafür *destruktive Kritik* als konstruktive zu konnotieren, weil sie den Grundstein zur Erreichung einer konstruktiven Kritik bilden. Am Anfang ist immer destruktive Kritik. Sie stellt in Frage, zwingt zur Abwägung und Präzisierung des Veränderungsvorhabens. "Die Ideologie, die nur >konstruktive Kritik< erlaubt, ist sehr oft eine Konfliktvermeidungsstrategie" wie Schwarz konstatiert.

Peter Heintel und Gerhard Falk plädieren ebenfalls für ein positives Konfliktverständnis, wenn sie schreiben: "Die meisten Konflikte in Organisationen können nicht wirklich (auf-)gelöst werden, sie müssen vielmehr und ganz im Gegenteil als Teil der Organisationsdynamik (an-)erkannt, auf Dauer gestellt und >gepflegt< werden. Sie treten wiederholt und >notwendig< zu Tage, und dies nicht nur von innen heraus verursacht, sondern auch aufgrund der ständigen Veränderungen der Unternehmens-Umwelten. Konflikte nicht als >lästig< und unnötig zu ignorieren oder entfernen zu wollen, sondern sie als integrierenden Bestandteil der Unternehmensentwicklung anzuerkennen und ihnen einen >Ort des Aushandelns< zuzuweisen," ist immer wieder eine Herausforderung. (S. 62)

➤ **"Konflikte erhalten das Bestehende"**
Hier verweist Schwarz noch mal auf den Sündenbock, den Weitvorausdenker, der das System in seiner jetzigen Form verunsichert. Der Sinn des Konfliktes ist in diesem Falle, einen Ausgleich zwischen Erhalt und Veränderung zu finden, der Spannung zwischen Veränderungswille und dem Erhalt des Bestehenden.

Was ist ein Konflikt? – Konfliktdefinitionen

Ganz allgemein können wir mit Karl Berkel Konflikte folgendermaßen definieren: "In der Psychologie, aber auch in den Sozialwissenschaften allgemein, spricht man von einem *Konflikt dann, wenn zwei Elemente gleichzeitig gegensätzlich oder unvereinbar sind*". (S. 10)

Die Konfliktdefinition, die ich gern heranziehe, fällt da etwas einfacher aus: Konflikte entstehen immer dann, wenn unterschiedliche Wünsche, Bedürfnisse oder Interessen nicht verhandelt werden können, weil die Kommunikation zwischen den Beteiligten gestört ist. Zwischen ihnen hat sich, aus welchen Gründen auch immer, ein kommunikationsloser Raum – zumindest bezogen auf einen konfliktauslösenden Aspekt - aufgetan. Währenddessen verhandeln wir im Alltag täglich mindestens 3 Konflikte, indem wir sie verbal oder nonverbal kommunizieren: Zwei Personen wollen gleichzeitig durch eine schmale Tür gehen: Ein kurzer Blick genügt und einer gibt dem anderen den Vortritt. Vorstellbar wäre auch eine Eskalation, wenn beide für sich den Vortritt reklamieren. Gelingt es nicht sich zu einigen, kann es im schlimmsten Falle zu einer körperlichen Auseinandersetzung kommen.

Mediation hat das Ziel, das Kommunikationsloch zu stopfen, und zwar im Kontext von Arbeitsbeziehungen, um die Arbeitsfähigkeit wieder herzustellen. Nichtkommunikation finden wir auch in den Fällen, wenn Konflikte aus scheinbar belanglosem Anlass explodieren. Wie der Zündfunke im Auto, der das Benzingasgemisch zur Explosion bringt, damit die entstandene Energie sich auf den Antrieb überträgt und das Auto zum Fahren bringt. Die spontane Konfliktentladung

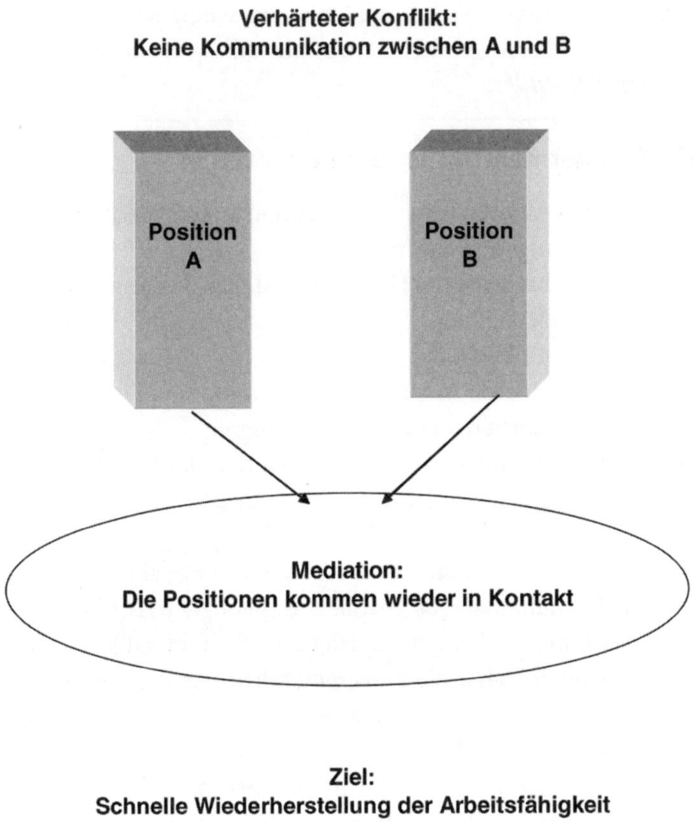

Abb. 1: Verhärteter Konflikt (aus Pühl 2005)

kommt eher einem aktiven Vulkan gleich, der mit seiner giftigen Asche das Land verdunkelt und für Verwüstungen sorgt. Gleichermaßen verwüstet und orientierungslos fühlen sich auch die Konfliktparteien nicht selten, wenn sie sich entschließen Hilfe in Anspruch zu nehmen.

Etwas anders gestaltet sich die Gemengelage in der Wirtschaftsmediation, wenn es um die Klärung monetärer Belange geht. Hier spielen Kränkungen zwar auch eine Rolle, bleiben aber eher im Verborgenen, im Fokus steht der Erhalt der Geschäftsbeziehung.

Damit Konflikte von Nichtkonflikten unterscheidbar werden, kommt Friedrich Glasl zu folgender – etwas abstrakt wirkender – *Definition eines sozialen Konflikts:*

Ein Sozialer Konflikt ist eine Interaktion

- zwischen Aktoren (Individuen, Gruppen, Organisationen usw.)
- wobei wenigstens ein Aktor
- Unvereinbarkeiten im Denken/Vorstellen/Wahrnehmen
  - und / oder Fühlen
  - und / oder Wollen
- mit dem anderen Aktor (anderen Aktoren) in der Art erlebt,
- dass im Realisieren eine Beeinträchtigung
- durch einen anderen Aktor (die anderen Aktoren) erfolge.

Friedrich Glasl bindet dies an die Voraussetzung eines "aufeinander bezogenen Kommunizierens", wobei "es genügt, dass bloß einer der Aktoren die Unvereinbarkeit als solche erlebt und subjektiv dementsprechend handelt", aber die Unvereinbarkeit der Realisierung der eigenen Vorstellungen etc. der anderen Partei zuschreibt, so dass erst von einem sozialen Konflikt gesprochen werden kann. (S. 14f)

Konflikte aus der Perspektive von Widersprüchen zu sehen unternehmen 2 Mediatoren, die als Professoren an der Universität Klagenfurt tätig sind. Da ist zum einen der bereits zitierte Gerhard Schwarz und zum anderen Peter Heintel. Ersterer kommt in seinem Klassiker "Konfliktmanagement" (S. 186ff) auf vier wichtige Widersprüche, die er für alle Menschen in allen Kulturen und zu allen Zeiten für bedeutsam hält, und zwar:

- den Gegensatz zwischen *Toten und Lebendigen* (z. B.: Wie mit Sterblichkeit umgehen?),
- den Gegensatz zwischen *Individuen und Gruppen* (z. B.: Wie mit Individualität in der Gruppe umgehen?),

- den Gegensatz zwischen *Alten und Jungen* (z. B.: Wie mit dem Wissen der Älteren umgehen?) und
- den Gegensatz zwischen *Männern und Frauen* (z. B.: Wie mit Geschlechterdifferenz umgehen?[6]

Peter Heintel (2005) sieht in diesen Widerspruchsfeldern den Ursprung notwendiger Konflikte.

Der *erste Widerspruch* ist an die Exstenz des Menschen selbst gebunden. Hier misst er Konflikten einen anthropologisch bedeutsamen Wert bei und spricht deshalb vom „*Menschen als >Widerspruchswesen<*". Mensch und Natur, Mann und Frau, Jung und Alt, Leben und Tod usw. sind solche Widerspruchspaare, auf die jede menschliche Kultur ihre jeweiligen Antworten immer wieder neu finden muss. Letzte Antworten gibt es nicht, da Gesellschaft ein evolutionärer Veränderungsprozess ist. Es ist wie bei einem Mobile, ändert sich ein Teil, ändern sich zwangsläufig auch die anderen Teile. Überaltert eine Gesellschaft, verändert sich das Verhältnis der Jungen zu den Alten und Themen wie Tod, Pflege und Einsamkeit gewinnen an Bedeutung. Bricht das Finanzsystem in Teilen zusammen, stellen sich Fragen nach Sicherheit, Zukunftsperspektiven, Arbeit und gesellschaftlicher Zugehörigkeit und Antworten müssen gefunden werden. So ohne weiteres davon zu sprechen, dass Konflikte sinnvoll sind, kann zynisch sein. Sie können es erst in einem fortwährenden Reflexionsprozess werden, denn die ‚richtige Lösung' kennt niemand vorab.

"Die *zweite Art* von notwendigen Konflikten hat ihren Ursprung in *Unterschieden sozialer Konstellationen und Gebilde*. Insbesondere an den systemischen Schnittstellen finden sich zahlreiche Widersprüche".

In aufsteigender Komplexitätslinie finden wir auf der untersten Stufe die Identitätskonflikte des Einzelnen, dann auf der Paarebene Dreieckskonflikte mit ihren typischen Erscheinungen wie Eifersucht und Rivalität, die sich auf der Gruppenebene steigern und zugleich die Einschränkung direkter face-to-face-Kommunikation hinnehmen müssen.

Zur *dritten Gruppe* zählt Heintel alle *systembedingten Widersprüche* und Konflikte. Denn jedes Sozialgebilde muss für seinen Selbsterhalt relativ stabile Grenzen aufbauen, in denen sich eine eigene Kultur des Arbeitens herausbilden kann. Ohne Grenzen diffundieren Systeme und werden handlungsunfähig. Der Widerspruch spielt sich genau an diesen Grenzen ab, da Systeme mit anderen verbunden sind, sich öffnen und austauschen müssen. Diese >Systemwidersprüche< wie Heintel sie nennt, finden wir auch innerhalb unserer Organisationen wieder. Bekannt sind im Krankenhaus die Auseinandersetzungen zwischen Pflegern und Ärzten und ihren Führungsrepräsentanten.

Solche *Abteilungsegoismen* sind typisch für unsere arbeitsteilige Gesellschaft, wenn sich z.B. die Produktionsabteilung gegenüber der Marketingabteilung durch Nichtinformation abschottet. Was auf den ersten Blick so negativ konnotiert ist, erweist sich bei genauerer Betrachtung als Versuch einer Identitäts- und Sinnfindung auf dem gegebenen Niveau. Motiviertes Arbeiten ist ohne Identifikation mit dem Werk und den Kollegen nicht möglich. Jede Systemöffnung stellt diese lebenserhaltende Identifikation radikal in Frage, mobilisiert Angst und führt verständlicher Weise zum Widerstand. Fortwährende Flexibilität und Anpassung transzendiert Identität und fördert eine instrumentelle, letztlich krankmachende Einstellung zur Arbeit und zur eigenen Leistung.

Friedrich Glasl würde in diesem Kontext vermutlich die von ihm als ‚heiß' bezeichneten Konflikte[7] ansiedeln. Sie sind als solche erkennbar und damit potenziell veränderbar. Er nennt sie *Friktion, Reibungskonflikt oder Issue-Konflikt*, für die bezeichnend ist, dass Sachdiskussionen zwar hart geführt werden, aber festgelegte Positionsverhältnisse nicht in Frage gestellt werden. Bei diesen Streitfragen, z.B. in der Auseinandersetzung zwischen Betriebsrat und Geschäftsführung um eine Feiertagsreglung, geht es um die Verbesserung der eigenen Position. Ein *heißer Konflikt* ist auch der *Positionskampf*: Hier geht es um die Veränderung eines Positionsverhältnisses, was nicht zu bedeuten braucht, dass die Veränderung des Gesamtrahmens angestrebt wird. "In Fällen der vertikalen Abhängigkeit kann man nach mehr Delegation und partizipativer Führung streben, ohne zugleich auch die Position anderer Kollegen verändern zu wollen." (S. 65ff)

Den heißen Konflikten, also den offensichtlichen, stellt Glasl die *kalten Konflikte* gegenüber. In ihrer Dynamik sind sie unter Umständen viel brisanter, da schwerer fassbar. Aus Teamberatungen kennen wir das Phänomen, dass die Atmosphäre als vergiftet beschrieben wird ohne dass konkrete Konfliktbeteiligte oder Strukturkonflikte benannt werden können. Irgendetwas schlummert unterm Teppich, nimmt aber keine rechte Gestalt dann. Hier kann es in der Beratung hilfreich sein, konfrontativ zu arbeiten, um die Dynamik so weit zu provozieren, dass sie sich zu einem fassbaren Konflikt entwickeln kann.

Rollenkonflikte ergeben sich aus der Arbeitsteilung und entstehen urwüchsig in jeder Organisation. Stefan Kühl weist daraufhin, dass diese Rollenkonflikte in der Organisation als "normale und legitime" Auseinandersetzungen verstanden, interpretiert und angesehen werden. (S. 41) "Konflikte werden dabei als Ergebnis konkurrierender Organisationsrollen, als Ausdruck widersprüchlicher Programmierung oder als zwangsläufig zu Konflikten führenden Formen der Arbeitsteilung verstanden. Mit der Zurechnung auf Personen wird ein Organisationsproblem personalisiert und damit der Bezug auf die Organisation abgeschwächt." (S. 45)

In die selbe Kerbe schlägt auch Peter Heintel (2005, S. 26f), wenn er darauf hinweist, dass Systeme dazu tendieren, Störpotential einseitig zu problematisieren. Am besten gelingt dies durch Schuldzuweisungen, Abqualifikation oder Entwertung.

Dagegen werden Personenkonflikte als personale Konflikte, unabhängig von der Rolle in der Organisation, gesehen, die relativ zeitkonstant und über die aktuelle Rolle hinaus wirksam und bindend sind. Aus Sicht der *Rollenberatung*[8] stellt sich allerdings die Frage nach dem Wechselspiel zwischen biographischer und beruflicher Rolle: Lässt sich beides überhaupt so glasklar abgrenzen?

Gerhard Schwarz konstatiert, dass die meisten "*Organisationskonflikte heute auf Konflikte zwischen Subgruppen beziehungsweise zwischen Peripherie und Zentrum zurückzuführen*" sind. (S. 157)

Mögliche Themen sind:

- o *Veränderungskonflikte*: z. B. Konflikte, die durch das rigide Festhalten tradierter Normensysteme ausgelöst werden
- o *Strukturkonflikte*: z. B. Konflikte, die durch eine nichtfunktionale Kommunikationsarchitektur in der Organisation ausgelöst werden (z.B. Projekt- vs. Linienmanagement)
- o *Verfassungs- und Legitimationskonflikte*: z. B. Delegierte gegenüber dem einfachen Mitglied der Organisation

Dreieckskonflikte

Ich werde mich im Abschnitt "Dreieckskontrakt" noch eingehend mit der >Drei< und ihrer Vertraktheit beschäftigen. Mögliche Themen von Dreieckskonflikten können sein:

- o *Koalitionskonflikt*: z. B. zwei gegen einen
- o *Eifersuchtskonflikt*: z. B. eine neue, dritte Person bricht in eine bestehende (Team-)Beziehung ein
- o *Rivalitätskonflikt*: Zwei Mitarbeiter rivalisieren um die Gunst ihrer Führungskraft
- o *Delegationskonflikt*: Kommunikation zwischen Partnern wird über einen Dritten gespielt oder das Spiel "Wenn sich zwei streiten, freut sich der Dritte"

Gruppenkonflikte

Arbeitsgruppen haben die Tendenz, in kleinere Untergruppen zu zerfallen oder fühlen sich durch zu enge Beziehungen zwischen Einzelnen bedroht. Mögliche Themen sind dann:

- o *Untergruppenkonflikte*: Teams fühlen sich durch Paare und Dreiecke bedroht.
- o *Territorialkonflikte*: z. B. Kampf um Kompetenzen, Einflusssphären und Ressourcen
- o *Rangkonflikte*: z. B. wer hat die Alphaposition, wer die Omegaposition (Sündenbock) in der Gruppe inne?

- *Normierungs- und Bestrafungskonflikte*: z. B. bei Verletzung gegen die in einer Gruppe bestehenden offiziellen oder informellen Regeln
- *Zugehörigkeitskonflikte*: Loyalität zum Team oder wie werden Neue ins bestehende Team integriert?
- *Führungskonflikte*: Wer führt eigentlich in der Gruppe? Oder der Gegensatz Spezialisten gegenüber Vorgesetzten
- *Doppelmitgliedschaft*: z. B. Konflikte, die vor allem in sogenannten Sandwichpositionen anzutreffen sind
- *Reifungs- und Ablösungskonflikte*: Jüngere MitarbeiterInnen kämpfen im Unternehmen um die eigene Identität
- *Substitutionskonflikte*: Konfliktthemen werden nicht offen artikuliert, weil Angst auslösend, deshalb werden lieber "neutrale" Themen behandelt.
- *Verteidigungskonflikte*: Gerade in Schwierigkeiten oder bei offensichtlichem Fehlverhalten von Führungskräften wird von den Gruppenmitgliedern bedingungslose Loyalität eingefordert.

Dies sind die Ebenen, auf denen nach meinem Verständnis die Organisationsmediation angesiedelt ist und wirksam werden kann.

Als *vierte Gruppe* von Widerspruchsfeldern nennt Heintel (2005) diejenigen *historischer Ungleichzeitigkeit*[9]. Wir finden diese Ungleichzeitigkeit innnerhalb und zwischen Gesellschaften - innerhalb z.B. zwischen Verwahrern und Technologiefreaks, außerhalb bei Gesellschaften zwischen Industrie- und Agrarstaaten.

In diesem Sinne verstehe ich Peter Heintel, wenn er davon spricht, dass Konflikte "nichtbalancierte Widersprüche" sind. Auch, wenn er den Konfliktbogen weit spannt, stellt sich für ihn die Frage: Wie können wir die Konfliktursachen einer Lösung näher bringen? Obwohl all diese Konflikte außerhalb der Individuen liegen, sollte die Konfliktlösung seiner Meinung nach immer beim Einzelnen ansetzen, wie noch auszuführen ist.

Die letztgenannten Konflikte würde er vermutlich als *Systemveränderungskonflikte* bezeichnen: “Im Konflikt wird eine Änderung des Gesamtrahmens zur Diskussion gestellt bzw. eine Änderung soll abgewehrt werden.” (S. 66) Auf diese treffen wir regelmäßig bei geplanten Organisationsentwicklungsprozessen. Aber Organisationen verändern sich auch organisch, haben eine eigene Entwicklungsgeschichte, die sich in folgende Phasen idealtypisch einteilen lässt:[10]

Verschiebungskonflikte

So weit ich sehe, zeichnen sich die meisten Anfragen nach organisationsbezogener Beratung durch eine gewisse Diffusität aus. Mehr oder weniger dichter Nebel erlaubt nur vorsichtiges Rantasten an die versteckten Themen. Nun ist es mit den versteckten Themen nicht wie mit den Ostereiern, wenn die Eltern wissen, wo die Eier zum Suchen deponiert sind, sondern Organisationskonflikte tauchen häufig an Orten auf, an denen sie gar nicht entstanden sind.

Dazu bietet sich in Analogie die *Geschichte vom kleinen Hans* an, die Sigmund Freud (1926) erzählt. Sie handelt von einem befreundeten Vater, der ihm Probleme seines Sohnes, eben des kleinen Hans, offenbarte. Dieser zeigte zunehmend Ängste vor Pferden, was seinen Vater außerordentlich beunruhigte, denn sie wohnten in einem Vorort Wiens, wo vor 100 Jahren Pferde zum alltäglichen Bild der bäuerlichen Gesellschaft gehörten. Ich kürze die wahre Geschichte hier ab. Freud und der Vater kamen zur Erkenntnis, dass die Angst des kleinen Hans nicht den Pferden galt, sondern dem Vater selbst. Freud verhalf dies zur Erkenntnis des Ödipuskomplexes. Der Sohn war nämlich 5 Jahre alt und begehrte – für dieses Alter typisch – seine Mutter und fürchtete die Strafe (Kastration) durch den Vater. Nun war es für den kleinen Haus leichter, den Pferden auszuweichen als dem im Hause lebenden Vater.

Diese Verschiebungsmetapher hat Franz Wellendorf auf Organisationen übertragen. Hier bieten sich die institutionellen Strukturen geradezu an, dass die Probleme von einem Subsystem auf ein anderes verschoben werden. Das hat zur Folge, dass die Störungen in dem

Subsystem, in dem sie auftauchen und mit dem der Berater arbeitet, gar nicht entstanden sein müssen. Versucht man als Berater die Konflikte in einem Team ausschließlich als Konflikte zwischen den Mitarbeitern oder zwischen Mitarbeitern und Klienten zu bearbeiten, kann es passieren, dass man auf einem institutionellen Nebengleis fährt. Stoff in dieser Richtung wird es reichlich geben, so dass alle Beteiligten gar nicht merken, dass sie sich neben der Hauptspur bewegen. Es kann aber zur Folge haben, dass institutionelle Strukturkonflikte auf der Beziehungsebene abgehandelt werden. Dies kann zu einem quasi-therapeutischen Klima mit entsprechenden Schuld- und Inkompetenzgefühlen der Mitarbeiter führen. Sie müssen die Suppe auslöffeln, die sie sich gar nicht eingebrockt haben.

In meiner Beratungspraxis stoße ich beispielsweise immer wieder auf das Phänomen, dass es in Teams entweder zwei mehr oder weniger rivalisierende bzw. zerstrittene Untergruppen gibt oder dass zwischen einzelnen Mitarbeitern unversöhnliche Streitigkeiten die Szene beherrschen. Häufig finden wir diese rivalisierende Spaltung auch zwischen verschiedenen Teams einer Institution. Diese Streitigkeiten sind für den Außenstehenden meist nicht verständlich. Ich halte sie in der Regel für ein typisches Verschiebungsphänomen, und zwar für einen verschobenen institutionellen Konflikt. (s. Abb. 2) Meine Hypothese und beraterische Suchbewegung dazu geht immer in Richtung der Führung der Einrichtung bzw. der für das Team fachlich Verantwortlichen. Fast immer lässt sich in solchen Fällen feststellen, dass sich auf der Führungsebene ein verdeckter Konflikt manifestiert hat, der nicht bearbeitet wird. Unbewusst ist er auf die Teamebene verschoben worden. Nichtsdestotrotz sollte es darum gehen, dass das Team und seine Mitglieder ihre begrenzten Gestaltungsmöglichkeiten aktiv nutzen, um nicht im Tal des Jammerns zu verharren.

Es gibt noch andere Phänomene, die oft Ausdruck verschobener Konflikte sind: z.B. das Mobbing. Wenn wir auf das Beispiel Freuds zurückkommen, hat er das Problem des Kindes mit dem Vater bearbeitet. Übertragen auf unsere Beispiele hieße das: nicht nur mit dem Team zu arbeiten, sondern auch mit der Leitung.

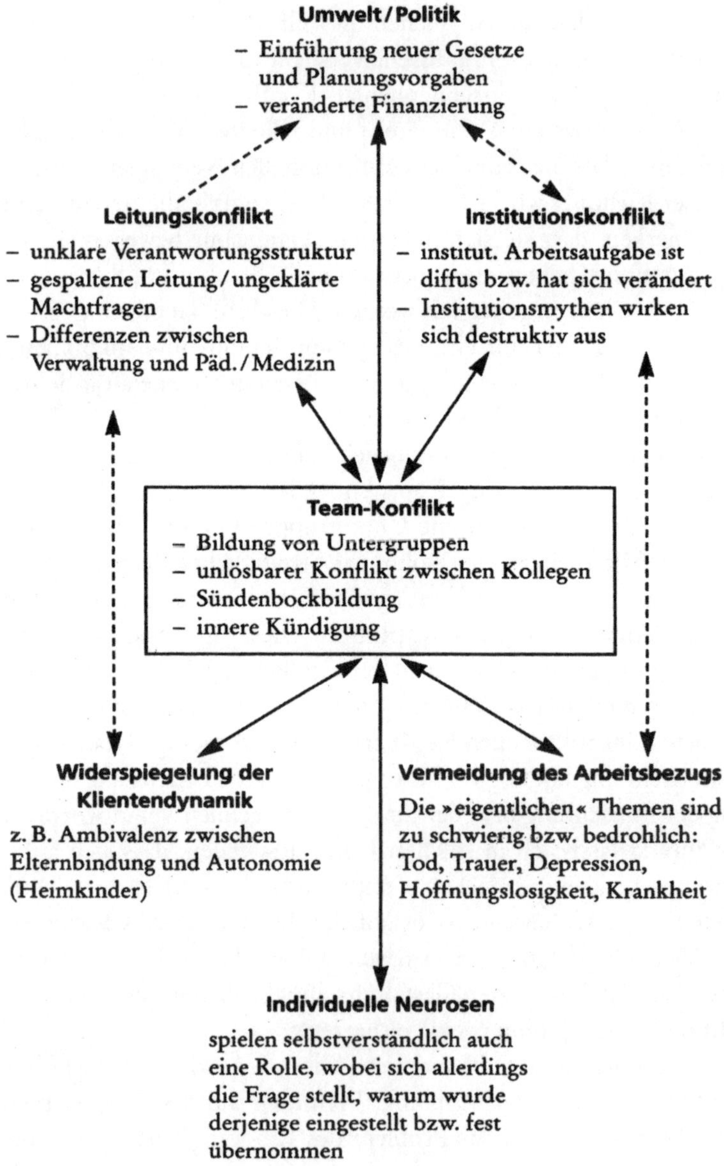

Abb. 2: Organisationelle Verschiebungskonflikte

Organisationskonflikte in der Entwicklung:

1. “*Pionierphase*: Das Unternehmen als verschwommene Aktionsgemeinschaft bzw. als große Familie”
   Kennzeichnend sind face-to-face-Kontakte, die Pioniere haben eine Idee und arbeiten intensiv an der Umsetzung, Entscheidungen werden sozusagen am Küchentisch getroffen, formale Strukturen sind nicht bis wenig ausgeprägt, jeder weiß alles und ist für Vieles zuständig.
2. “*Differenzierungsphase*: Das Unternehmen als rationales Konstrukt bzw. als Apparat”
   Das Unternehmen wächst und formale Strukturen sind unausweichlich, Arbeitsteilungen sind zur Erledigung zunehmend komplexer Anforderungen erforderlich. Rollen und Positionen schälen sich heraus und manifestieren sich mit der Folge, dass um Rangplätze gerangelt wird. Die anfängliche Solidarität geht verloren, weil offene und versteckte Machtkämpfe entbrennen, u.U. verlassen deshalb wichtige Gründer das Unternehmen.
3. “*Integrationsphase*: Das Unternehmen als offener, dynamischer ganzheitlicher Organismus”
   Die Hierarchisierung ist fortgeschritten und Führungskräfte sind etabliert. “Das Bindende im Unternehmen wird nicht mehr in Koordinationsmechanismen gesucht, sondern in der gemeinsamen Ausrichtung der Führungskräfte auf Sinn und Zweck des Unternehmens.” Von den Mitarbeitern wird Teamarbeit gefordert und gefördert. Zu Krisen kann es führen, “wenn sich die Führung zu sehr in Strategie-Konstrukten verliert und sich als Unternehmen zu sehr auf die eigene Welt konzentriert.”
4. “*Assoziationsphase*: Das Unternehmen als Glied im >Biotop<”
   Hier sind die Führungskräfte gefordert, ihr Unternehmen in die System-Umwelten einzubinden und die Beziehungen zu den Externen (Zuliefern, Kunden etc.) durch Vertrauen zu stabilisieren.
   M.E. ist gerade diese Phase eine never-ending-story, wie wir durch die zahlreichen Organisationsprojekte, Restrukturierungen, Fusionen usw. wissen. (Glasl u.a. 2005)

Konfliktdiagnose

Nachdem wir nun eine ganze Reihe von möglichen Konflikttypen – die Liste ließe sich vermutlich sogar noch verlängern – aufgelistet haben, stellt sich die Frage: Wer hat den Konflikt definiert und wie kann im konkreten Falle sinnvoll verfahren werden?

Supervision und Mediation unterscheiden sich hinsichtlich Beratungsradius und -tiefe erheblich. Organisations-Supervision zielt auf die Rollen- und Aufgabenklärung und die Veränderung von Subsystemen (Team), während sich die spezielle Produktivität von Mediation in der Vermittlung von Konflikten erweist, was die Veränderung von Strukturen grundsätzlich ausschließt. Entsprechend unterscheidet sich die Phase der Konfliktdiagnose.

In der Mediationsliteratur hat sich das Eskalationsstufenmodell von Friedrich Glasl durchgesetzt (s. Abb. 3).

Dabei geht er davon aus, dass auf den ersten drei Stufen Moderation oder Supervision die Verfahren der Wahl sind, weil die Konfliktparteien noch in der Lage sind unter Anwesenheit eines neutralen Dritten zu verhandeln. Erst auf den Stufen 4 bis 6 hält er Mediation für das geeignete Verfahren und ab Stufe 7 "Machteingriff" durch die Führung.

Ich kann dieser Schematisierung nicht so ohne weiteres folgen. Zum einen lässt diese Einteilung die genialen Möglichkeiten außer acht, verschiedene Verfahren zu kombinieren und zum anderen geht mir – zumindest für unser Thema Organisationskonflikte - der Fokus >Arbeitsfähigkeit< verloren. Das ist für mich die entscheidende Meßlatte, an der ich mich für oder gegen Mediation entscheide. Und hierin sehe ich auch die herausragende Qualität der Mediation: die relativ schnelle Wiederherstellung von Kommunikations- und Verhandlungsfähigkeit bei Konflikten zur Wiedererlangung der Arbeitsfähigkeit.

Der Zugang zur Mediation kann sehr unterschiedlich sein, wie ich es in Kap. II beschreibe. Handelt es sich nicht um eine Intervention innerhalb eines anderen Beratungsverfahrens (z.B. der Teamsupervision), sondern um eine direkte Anfrage nach Konfliktvermittlung,

1	2	3	4	5	6	7	8	9
Verhärtung	**Debatte**	**Taten**	**Images Koalitionen**	**Gesichts-verlust**	**Droh-strategien**	**Begrenzte Vernichtungs-schläge**	**Zersplitterung**	**Gemeinsam in den Abgrund**
Standpunkte verhärten zuweilen, prallen aufeinander	Polarisation im Denken, Fühlen und Wollen,	Reden hilft nichts mehr - also: Taten! Strategie der vollendeten Tatsachen	Stereotypen, Klischees, Image-Kampagnen, Gerüchte	öffentlich und direkt: Gesichtsangriffe!	Drohung und Gegendrohung:	Denken in "Dingkategorien"	Den Zusammenbruch des feindlichen Systems bewirken	kein Weg mehr zurück!
zeitweilige Ausrutscher und Verkrampfung	Schwarz-Weiß-Denken	Diskrepanz ver bales, non-ver--bales Verhalten, non-verbales Verhalten dominiert	einander in negative Rollen manövrieren und bekämpfen	inszenierte Demaskierung	Forderung mit Sanktion und Sanktionspotential	keine menschliche Qualität mehr gültig	Abschnüren der „Frontkämpfer vom Hinterland"	totale Konfrontation
Bewusstsein der bestehenden Spannung erzeugt Kampf	Taktiken: quasi-rational, verbale Gewalt	Gefahr: Fehlinterpretationen der Taten	Werben um Anhänger, Bedarf an Stütze aus Schwäche	Entlarvung führt zu "Enttäuschung" rückwirkendes Aha-Erlebnis	Glaubwürdigkeit durch Proportionalität von Drohung und Gegendrohung	begrenzte Vernichtungsschläge als "passende Antwort"	Gänzliche Zerstörung: physisch-materiell oder/und seelisch-sozial und/oder geistig	Vernichtung zum Preis der Selbstvernichtung
Überzeugung: Spannungen durch Gespräch lösbar	Reden zur Tribüne, über Dritte Punkte gewinnen	pessimistische Antizipation: Misstrauen, Akzeleration	self-fullfilling prohecy durch Fixierung auf Bilder	Engel-Teufel als Bild, Doppel-Gänger	Selbstbindungsaktivitäten, (Stolperdrähte)	Umkehren der Werte ins Gegenteil: relativ kleiner eigener Schaden ist gleich Gewinn		Lust an Selbstvernichtung, wenn nur der Feind zu Grunde geht!
noch keine starren Parteien oder Lager	zeitliche Subgruppen bilden sich um Standpunkte herum	Empathie verloren	verdecktes, Reizen, Sticheln, Ärgern	Ausstoßen, Verbannen,	Stress gesteigert			Bereitschaft mit eigenem Untergang auch die Umgebung bzw. die Nachkommen nachhaltig zu schädigen
Koperation (noch) größer als Konkurrenz	Diskrepanz "Oberton und Unterton"	Kooperation kleiner als Konkurrenz	doppelte Bindungen durch paradoxe Aufträge	Isolation, Verlust der Außenwahrnehmung, Ekel, Ideologie, Werte, Prinzipien	Beschleunigung			
	Kampf um Überlegenheit			Rehabilitierung angestrebt				
	Kooperation größer gleich Konkurrenz							

Abb. 3: Konfliktstufen nach Glasl (1997)

stehen wir auch hier vor einer ähnlichen Frage wie in der Supervision. Auch hier geht es bei komplexen Anfragen zuerst um die *Auftragsklärung* (s. auch Kap. V). Leichter ist es, wenn wir es wirklich mit einem auf zwei Beteiligte begrenzten Konflikt zu tun haben.

Beginnt der Berater einen Konflikt auf mögliche Ursachen und Strategien der Bearbeitung zu untersuchen, sind bereits erste Weichen gestellt. So haben die möglichen Konfliktprotagonisten oder ihre fachlich Vorgesetzten anerkannt, dass es einen Konflikt gibt, der nach einer Klärung drängt. Ebenso scheint es, dass die Mediation als bevorzugtes Verfahren ins Auge gefasst wird.

Erste Hinweise auf mögliche Konflikthintergründe und –ursachen geben bereits die oben aufgeführten Konfliktarten. Des weiteren finden Sie im Abschnitt "Gemeinsamkeiten" (Kap. V) die Ausführungen zur >Auftragsklärung< als der zentralen Schnittstelle zwischen Berater und Auftraggebern, wo die Weichen für das weitere Vorgehen gestellt werden. Ebenso entscheidet sich hier die Frage, welchen Raum und welche Zeit der Berater aushandeln kann, um diagnostisch tätig zu werden, bzw. welche Ressourcen der Auftraggeber bereit ist, zur Verfügung zu stellen.

In dieser Phase findet auch die Entscheidung statt, welches Beratungsverfahren primär als das angemessene gesehen wird, um das Thema zu bearbeiten, das sich heraus kristallisiert hat. Wenn die Würfel nicht für ein mediatives Vorgehen fallen, sondern beispielsweise für eine Teamentwicklung oder Organisationsberatung, kommt Mediation erst dann zum Zuge, wenn sich im Prozess zeigen sollte, dass ein Konflikt so eskaliert ist, dass hier die gestörte Kommunikation erst wieder in Fluss kommen muss, um dann im ursprünglichen Verfahren fortzufahren. In diesem Falle kommt der Mediation die Rolle einer Krisenintervention zu.

Es gibt sowohl Gemeinsamkeiten als auch Spezifika der Konfliktanalyse und der Sondierung in der Organisationssupervision. Die Kunst in beiden Fällen ist:

- o Wie zäume ich das Pferd auf?
- o Wer sind meine Informanten?
- o Wer sind meine Klienten?
- o Und gibt es auch mir untergeschobene Klienten ("Kuckucksklienten")?

Zuerst geht es in beiden Fällen darum ein "Röntgenbild der Sozialstruktur"[11] zu erstellen, d.h. wer nimmt welche Rolle ein und wie sehen die ebenso bedeutsamen informellen Rollen aus.

Am Anfang steht die Auftragsklärung:

- o Was ist das Ziel der Beratung – Was soll sich verändern?
- o Wer muss mitwirken?
- o Welches Beratungsverfahren (bzw. welche Kombination) bietet sich an?
- o Wer ist der geeignete Berater?

In manchen Fällen nimmt diese Vorphase mehr Zeit in Anspruch als die "eigentliche" Mediation. Ich arbeite mich in solch komplexen Strukturen nach dem Zwiebelmuster vor und versuche, Schicht für Schicht freizulegen (weitere Beispiele in Kap. VIII).

Dazu ein Praxisbeispiel[12]

Angefragt hatte die Vorsitzende der Mitarbeitervertretung eines kirchlichen Trägers. Sie wandte sich an mich als Supervisor und schilderte folgenden Konflikt: In der Einrichtung gab es einen Leiterwechsel. Die Kollegen hatten mehrheitlich die bisherige stellvertretende Leiterin als Nachfolgerin vorgeschlagen. Die oberste Kirchenleitung überging dieses Votum der Kollegenschaft und setzte einen Leiter von außerhalb ein.

Dies war ein neues Vorgehen, denn bisher war es üblich, auf die Vorschläge der Kollegen einzugehen. Dies fand in diesem Fall in keiner Weise statt. Weder wurde mit den Kollegen über die Gründe des Vorgehens gesprochen, schon gar nicht wurde ihr Vorschlag berücksichtigt. Die Stimmung im Kollegium sei seitdem äußerst angespannt, die bisherige Stellvertreterin habe ihren Posten daraufhin auch niedergelegt. Der neue Leiter wird geschnitten, eine Arbeitsbasis sei deshalb nicht herzustellen. Die besondere Situation der Einrichtung (wegen der Anonymisierung muss ich hier kürzen) sah so aus, dass es lediglich 2-wöchentliche Treffen aller Kollegen mit der Leitung gab, ansonsten meide man so gut es eben gehe die Leitungsebene. Dies hätte auch für den Zusammenhalt der Kollegen Folgen: Man traf sich kaum noch, ein Austausch über die recht isolierte Arbeit der Einzelnen war nicht mehr möglich, neue Kollegen konnten gar nicht mehr integriert werden. Die Situation sei mehr als desolat. Aufgrund der Intervention der Mitarbeitervertretung sei es aber gelungen, bei der Kirchenleitung Gelder für eine Supervision zu akquirieren. Doch die zur Verfügung stehenden Beratungsressourcen seien sehr knapp, zum einen durch die begrenzten finanziellen Mittel und zum anderen, weil sich die Kollegen nur alle 2 Wochen für 2 Stunden treffen. Mehr sei auch nicht möglich, um die ca. 30 Kollegen an einen Tisch zu bekommen.

So weit die Ausgangssituation. Ich schlug der Anfragerin statt einer Supervision eine Mediation vor. Supervision als eine Art Kriseninterventiom auf diesem schmalen Grad der Möglichkeiten schien mir zu riskant. Schließlich sollte die Arbeitsfähigkeit verbessert werden, d.h. ein Klärungsprozess sollte die Chance haben, einen kleinen aber wichtigen Schritt in Richtung Perspektive zu eröffnen. Dies sah ich bei einer Supervision nicht. Meine spontane Befürchtung war, dass in diesem komplizierten Arbeitskonstrukt nur ein sehr klares Vorgehen zu einem Ergebnis führen kann. Supervision als Methode hätte vielleicht dazu geführt, sich kollektiv vor Augen zu führen, dass man an der Situation sowieso nichts ändern kann und der Ärger auf die Oberen auf diesem Wege neue Nahrung bekommt.

Nach der Sommerpause rief mich der neue Leiter an und fragte, ob ich mir die Beratung des Kollegiums vorstellen könne. Die Gelder seien von der Kirchenleitung genehmigt worden und ich habe durch die Mitarbeitervertretung ja schon gehört, worum es ginge. Als erster Schritt sei ein Vorgespräch geplant, um das weitere Vorgehen zu besprechen, und zwar mit drei Vertretern des Kollegiums, der Mitarbeitervertretung, ihm und seiner Stellvertreterin.

Aufgrund der Komplexität und der großen Zahl an Beteiligten (30 KollegInnen) sowie der einbezogenen Instanzen, entschied ich die Beratung zusammen mit einer Kollegin durchzuführen. In der ersten Zusammenkunft wurde die Enttäuschung der Mitarbeiter über das Vorgehen der obersten Kirchenleitung bei der Besetzung der Leiterstelle sehr deutlich. Man fühlte sich nicht ernstgenommen, solle die Klienten demokratisch erziehen, selbst aber würde man wie unmündige Kinder behandelt. Gegen den Leiter habe man eigentlich nichts, aber...!

Die ehemalige Stellvertreterin, nun wieder im Status einer normalen Mitarbeiterin, war extrem gekränkt und warf dem Leiter vor, er hätte von dem Konflikt ja im Bewerbungsverfahren gehört und hätte deshalb auf seine Stelle verzichten können. Der Leiter versuchte seit seiner Einstellung zu allen Kontakt aufzunehmen und dort wo es nötig war, sei die Zusammenarbeit auch gut gewesen. Die Mitarbeitervertretung (MAV) fühlte sich in ihren Rechten durch die oberste Kirchenleitung verletzt, Vorschläge machen zu können. Es hätte so etwas noch nie gegeben.

Sehr deutlich wurde, dass wir es hier im Grunde mit mehreren Konfliktparteien zu tun hatten, wobei als solche gesehen wurden:

- die ehemalige stellvertretende Leiterin
- der neue Leiter
- das gesamte Kollegium – einschließlich der Mitarbeitervertretung
- die nächsthöhere Kirchenleitung
- und das oberste Kirchenorgan, in dem die Personalentscheidung gefallen ist (in dem die nächsthöhere Kirchenleitung auch vertreten ist).

In diesem Fall hatten wir zumindest 3 Auftraggeber:

- das Kollegium, vertreten durch die MAV
- den neuen Leiter, der sich jetzt direkt gemeldet hat
- die nächst höhere Kirchenleitung, die die Gelder zur Verfügung gestellt hat.

Eine Konfliktpartei, an der sich der Ärger der Kollegen besonders festmachte, war das oberste Kirchenorgan, das die Personalentscheidungen traf. Es wurde in dem Vorgespräch aber sehr deutlich, dass diese Repräsentanten auf keinen Fall zur Verfügung stehen würden. Da waren sich alle Beteiligten einig. Man könne zumindest versuchen, die nächsthöhere Ebene mit einzubeziehen. Mit dieser Instanz war bereits über das Beratungshonorar verhandelt worden und es wurde signalisiert, dass man an der Arbeitsfähigkeit der Institution sehr interessiert und bereit sei, das Seinige dazu beizutragen. Von daher war damit zu rechnen, dass diese Ebene an einer Konfliktbeilegung mitwirken würde.

Für uns Berater war es wichtig, in diesem ersten Gespräch mehr über die Strukturen zu erfahren, in denen solche Prozesse ablaufen, wer die Beteiligten sind, wie die Hierarchieebenen interagieren und wer wo welchen Einfluss geltend machen kann.

Von weiterer Relevanz für das Vorgespräch ist eine Einschätzung darüber, welchen Auftrag wir Berater erhalten. Wir wollten deutlich machen, was unter den gegebenen Bedingungen möglich bzw. nicht möglich ist. Klar war, dass eine Konfliktpartei, nämlich das oberste und verantwortliche Entscheidungsorgan nicht zu einer Mitwirkung zu bewegen sei. Darüber bestand bei den Versammelten Einigkeit.

Somit konnte im Vorgespräch Konsens darüber hergestellt werden, wie der Rahmen aussieht: was möglich ist und was nicht geht. Als nächsten pragmatischen Schritt schlugen wir vor, dass die Anwesenden anonym an uns ihre Wünsche und Erwartungen schicken, so dass wir daraus einen Vorschlag für das weitere Vorgehen basteln können. In der Kürze des Vorgesprächs hatten wir noch keine Idee und wollten uns so schnell nicht festlegen. Indem jede/r seine Wünsche aufschreibt konnte es gelingen, die Versammelten in ihren Anliegen ernst zu nehmen. Alle waren sich einig, dass die 30 KollegInnen zum geeigneten Zeitpunkt am Prozess beteiligt werden sollen.

Als Fokus kristallisierte sich der Wunsch heraus, in der Stelle wieder konstruktiv zusammen arbeiten zu können. Dazu sollten Wege gesucht werden.

In diesem Vorgespräch schälten sich für uns zwei Punkte als besonders konfliktreich heraus, die unserer Meinung nach zuerst geklärt werden sollten: die Kränkung der ehemaligen Stellvertreterin und Favoritin für das Leiteramt und Transparenz in den Entscheidungsprozessen durch die Kirchenleitung.

In unserer Nachbesprechung kamen wir Berater zu dem Entschluss, diese beiden Themen zuerst zur Klärung vorzuschlagen und fühlten uns durch die schriftlichen Voten der Teilnehmer aus der ersten Runde darin bestätigt. Die vorgesetzte Kirchenleitung war einer unser Auftraggeber, ebenso wie die Leitung und die MAV, von daher bot sich dieser Schritt auch im Sinne einer top-down-Strategie an. Deshalb schlugen wir der Vorbereitungsgruppe zwei Schritte vor und machten folgenden ersten Schritt zur Bedingung unserer weiteren Beratung:

Ein klärendes Gespräch in kleiner Runde mit der ehemaligen Stellvertreterin, dem jetzigen Leiter und den direkt vorgesetzten Kirchenvertretern. Ziel sollte es sein, Transparenz in den Entscheidungsvorgang zu bekommen und der nicht nominierten Stellvertreterin ein Forum für ihre Kränkung zu bieten.

Darauf sollten zwei Sitzungen mit dem Gesamtkollegium folgen mit der Frage: "Was fördert ein positives Verhältnis zwischen Vorgesetztem und Mitarbeitern? Wie soll die Kooperation in Zukunft aussehen?"

Methodisches Vorgehen: Nachdem die Vorbereitungsgruppe den Vorgehensvorschlag zurückgekoppelt hatte und die Zustimmung dafür bekam, konnte wie von uns vorgeschlagen vorgegangen werden: "Transparenz in die Entscheidung der Leiterauswahl".

Dieses erste Konfliktgespräch fand zusammen mit dem neuen Leiter, der abgelehnten Favoritin und den Verantwortlichen der nächsthöheren Ebene statt. Die Atmosphäre war zwar gespannt aber zugewandt. Als Ergebnisse dieser Vorbesprechung konnten wir Folgendes festhalten:

- Die oberste Kirchenleitung war nicht erreichbar und schied somit als Konfliktpartei aus.
- Die nächst höhere Leitung hatte das Besetzungsverfahren nochmals ausführlich dargestellt und der ehemaligen Stellvertreterin und Favoritin der Leitungsstelle versichert, dass man ihre Bewerbung ausdrücklich befürwortet hatte, sich aber nicht durchsetzen konnte. Diese Mitteilung führte bei ihr zu einer sichtlichen Beruhigung.
- Auf einer der nächsten Sitzungen der obersten Leitung sollte über den Punkt Stellenbesetzungsverfahren eine eindeutige Klarheit erzielt werden, um Transparenz herzustellen und den Gremien ihre Möglichkeiten der Mitwirkung klarer aufzuzeigen.

"Was fördert ein positives Verhältnis zwischen Vorgesetztem und Mitarbeitern? Wie soll die Kooperation in Zukunft aussehen?"

Zu diesem vorgeschlagenen zweiten Schritt fanden zwei Sitzungen mit der jetzigen Leitung, der MAV und allen MitarbeiterInnen statt. Die abgelehnte Favoritin war nicht gekommen, ließ aber durch eine Kollegin ausrichten, dass man über alles sprechen könne. Den Sitzungsverlauf verkürze ich hier auf zwei wichtige Ergebnisse: Erstmals wurde in diesem Kreise über zwei Tabus gesprochen. So fragte ein Mitarbeiter, ob denn der unter den Kollegen vereinbarte Boykott dem jetzigen Leiter gegenüber noch gelte. Der Leiter erfuhr jetzt erstmals davon und war sichtlich überrascht. Das zweite Tabuthema sprach eine Kollegin an: Sie traue sich gar nicht mehr Kontakt zum Leiter in der Geschäftsstelle aufzunehmen, da sie dann das Gefühl habe, die abgelehnte Favoritin zu verraten. Und genauso umgekehrt: Wenn sie mit ihr spreche, habe sie das Gefühl den Leiter zu hintergehen. Nachdem diese beiden Tabuthemen angesprochen werden konnten, änderte sich das Klima merklich. Wir Mediatoren spürten die Erleichterung in der

Kollegenschaft, dass “die Katze endlich aus dem Sack” gelassen worden war.

In der nächsten Sitzung konnte auf dieser neuen Basis des Miteinanders auch eine Vereinbarung getroffen werden, wie man in Zukunft mehr Transparenz herstellen könne, damit Entscheidungen im Hause nachvollziehbar seien.

In einem Jahr sollte das Bilanzgespräch stattfinden, um die getroffene Vereinbarung zu überprüfen. Dieses Gespräch fand wiederum im großen Kreis statt. Die Kooperation zwischen Leiter und KollegInnen wurde von allen als konstruktiv eingeschätzt, auch atmosphärisch hatte sich das Klima fühlbar verbessert. Es bestand der Wunsch, in die Entscheidungsprozesse noch mehr Transparenz zu bringen. Dazu brachte die MAV einen Vorschlag ein, der von allen begrüßt wurde.

Kapitel II
Spezifika der Organisationsmediation

Definition

Ganz allgemein ist Mediation ein Verfahren, um Konfliktparteien in einem außergerichtlichen Verfahren zu helfen, eine Konsenslösung zu finden, die allen Beteiligten gerecht wird. Dies kann in aktuellen Konfliktsituationen der Fall sein, in organisationellen Veränderungsprozessen oder als Prävention[13]. Die hohe Attraktivität, die das Verfahren auszeichnet, ist seine klare Struktur des Vorgehens. Wie wir aus einer Studie wissen, sind Strukturen angstbindend[14], und Angst ist der Begleiter nicht nur in Konfliktdynamiken, sondern steht ebenso am Beginn jeden Beratungsverfahrens: Werde ich ausreichend geschützt, werde ich so gesehen, wie ich mich selbst sehe? Also das Grundbedürfnis nach Anerkennung und Wertschätzung.

Aber die klare Struktur ist nur eine Seite der Attraktivität, die andere ist ihre hohe Kompatibilität mit anderen berufsbezogenen Beratungsverfahren, insbesondere mit Teamsupervision, Coaching bei Doppelspitzen oder der Organisationsentwicklung. Gerade um diesen Aspekt geht es mir: Wie lässt sich Mediation mit anderen Verfahren verknüpfen? Dies werde ich anhand von Beispielen illustrieren (s. auch Kap. VIII). In diesen Verknüpfungen kommt Mediation oft der Stellenwert einer *Krisenintervention* oder Notfalloperation zu. D.h., unterbrochene Kommunikation wieder zu ermöglichen, damit weitere Dinge verhandelt werden können – z.B. durch Supervision, Coaching oder Organisationsberatung.

Mögliche organisationelle Konflikte können sich auf folgenden Ebenen zeigen:
- zwischen Kollegen
- im Team
- mit den Vorgesetzten
- zwischen den Vorgesetzten/im Führungsgremium
- zwischen Leitung/Führung und Betriebsrat
- zwischen mehreren Subsystemen (Abteilungen, Teams).

Es gehört zu den beraterischen Binsenweisheiten, dass Konflikte zwischen Personen in Organisationen *immer* in Strukturen eingebunden sind und diese die Konfliktdynamik in irgendeiner Weise begünstigen, wenn nicht gar ursächlich verantwortlich sind. Wir sprechen deshalb auch besser von Rollenkonflikten als von Personenkonflikten. Nichtsdestotrotz tendieren eskalierte Konflikte dazu, dass sie für die Beteiligten alle anderen Aspekte überlagern und die Sicht auf andere Dinge verstellen. Stefan Kühl geht sogar soweit zu sagen, dass "Konflikte zwischen Personen, Gruppen, Organisationen...häufig eindringlicher als Liebesbeziehungen" sind. (S. 38)

Mediation in Organisationen zeichnet sich durch folgende Punkte aus:

1. Es ist ein außergerichtliches Verfahren zur Lösung von Konflikten.
2. Ziel ist nicht die Realisierung von Rechtsansprüchen, sondern das Erarbeiten von Lösungen, die für alle beteiligten Konfliktparteien befriedigend sind. Wir nennen das die win-win-Lösungen. Für sie ist charakteristisch, dass es keine Verlierer gibt und damit keinen Gesichtsverlust. Es geht darum, verhärtete Positionen in eigene Interessen, Ziele und Wünsche zu verflüssigen. Dies ebnet den Weg, arbeitsbezogene Kontakte und Kommunikation wieder zu ermöglichen.
3. Eine unbedingte Voraussetzung, um dies zu erreichen, ist die relative Freiwilligkeit der Konfliktparteien, an dem Verfahren teilneh-

men. Damit einher geht der Wunsch der Konfliktbeteiligten, eine gemeinsame Lösung zu finden.

4. Das Verfahren wird von einem neutralen Experten geleitet, der in den meisten Fällen ein organisationsexterner Mediator sein wird.
5. Er, beziehungsweise das Mediatorenteam, ist für die optimale Durchführung des strukturierten Verfahrens verantwortlich, während die Konfliktparteien weitgehend für die Lösung verantwortlich sind.
6. Ziel ist es, eine sogenannte ,win-win-Lösung' zu finden, die sich durch einen gemeinsamen Konsens in der Konfliktlösung auszeichnet und in einer gemeinsamen Vereinbarung schriftlich festgehalten wird.
7. Organisationsmediation hilft, gestörte Arbeitsbeziehungen schnell und effektiv wieder in Kontakt zu bringen und bietet dadurch anderen organisationsbezogenen Interventionsverfahren – wie Teamsupervision und Organisationsentwicklung – die Grundlage, ihre Ziele effektiv zu erreichen.
8. In diesem Sinne zeichnet sich Organisationsmediation durch ein hohes Maß an Kompatibilität mit den anderen Interventionsverfahren aus (z.B. Team-Supervision, Coaching von Doppelspitzen, Organisationsentwicklung).
9. Mit allen organisationsbezogenen Interventionsverfahren teilt Mediation das Los der Auftragsklärung und der Ziel- und Konfliktdiagnose als ersten Schritt des Tätigwerdens.

Mediation ist (in vielen Fällen) Krisenintervention

Mediation ist kein Allheilmittel, sondern – wie angedeutet – eine Möglichkeit unterbrochene Kommunikation wieder herzustellen und damit in diesem Mikrokosmos die Arbeitsfähigkeit wieder ins Lot zu bringen. Auf eine Formel gebracht:

- ❑ **Mediation ist Krisenintervention bzw. Notfallintervention**

Drei "Programme" können am Beginn stehen:

1. Das 1.-Hilfe-Programm

Für einen festumrissenen Konflikt wird eine Mediation durchgeführt. Der anfängliche Konflikt konnte so weit geklärt werden, dass die Arbeits- und Kooperationsfähigkeit der Beteiligten wieder hergestellt wurde.

Dazu ein Beispiel aus meiner ersten Mediation:

Der Geschäftsführer eines Betreuungsvereins meldet sich bei mir wegen eines Konfliktes zwischen 2 Mitarbeitern, die als Tandem eine Wohngemeinschaft betreuen. Im Erstgespräch stellt sich heraus, dass die Kollegin schon sehr lange dort arbeitet und einige bewährte Regeln und Rituale dort etabliert hat. Ihr Kollege ist vor einigen Monaten neu eingestellt worden. Beide haben sehr unterschiedliche Vorstellungen über den Umgang mit ihren Klienten. Da ihre Chemie überhaupt nicht stimmt, finden sie keine Möglichkeit, sich über ihre unterschiedlichen Vorstellungen auszutauschen und nach gemeinsamen Wegen zu suchen. Der Konflikt ist mittlerweile so weit eskaliert, dass es unter den Bewohnern schon zu einer Spaltung gekommen ist, ein Teil fühlt sich der alten Kollegin zugehörig, ein anderer Teil dem neuen Kollegen. Auch notwendige Absprachen klappen überhaupt nicht zwischen beiden und führen zu ständigen Reibereien, z.T. auch vor den Klienten. Um sich aus dieser für beide unerträglichen Situation zu retten, haben sie ihre Urlaube und eine Kur so geschickt geplant, dass sie sich die nächsten 3 Monate nur noch zu einer kurzen Übergabe sehen werden. Aufgrund dieses Zeitdrucks schlage ich ihnen eine Mediation innerhalb einer Woche mit mehreren Sitzungen vor.

Ich kürze hier ab und komme gleich zu der geschlossenen Vereinbarung: Beide sehen, dass nur eine Trennung für sie in Frage kommt, da die Vorstellungen zu divergent sind. Sie beschließen aber, dass sie sich "friedlich trennen und die Klienten in Zukunft nicht mehr in ihre Dynamik einbeziehen". Wir vereinbaren, dem Geschäftsführer die Vereinbarung zukommen zu lassen. Als ich ihn kurze Zeit später anrufe, ist er über das Ergebnis nicht gerade begeistert, da er hoffte, dass wir zusammen einen Weg der Zusammenarbeit finden. Da in einem anderen Projekt aber eine Stelle frei geworden ist, hat er dem jungen Kollegen diese angeboten, so dass beide weiterhin für den Verein tätig sein können.

Das Beispiel zeigt, dass auch eine Trennung, in der gegenseitige Schuldvorwürfe ausgeräumt sind, eine gute Konfliktklärung sein kann. Auch wenn ich mir sicherlich für meine erste Mediation ein anderes Ergebnis vorstellen könnte. Aber wie wir aus der Scheidungsmediation wissen, ist eine gute Trennung ein hohes Gut.

Ich schildere diesen Fall, weil ich mir sicher bin, dass ich vor meiner Mediationsausbildung diesen Fall supervisorisch bearbeitet hätte und auf diesem Wege nicht zu so einem schnellen Ergebnis gekommen wäre. Auch hätte ich in der Supervision vermutlich keine schriftliche Vereinbarung verfasst, die auch der Auftraggeber erhalten hätte. Gerade in dieser desolaten Situation schien mir eine schnelle Lösung wichtig, da sich wegen der Terminprobleme beider Mitarbeiter der Prozess sonst viel länger hingezogen hätte. Das wäre auf Kosten der Psychohygiene aller Betroffenen gegangen: der Mitarbeiter wie ihrer Klienten.

2. Das Eisbergmodell

Dieses Modell zeichnet sich dadurch aus, dass der vordergründige Konflikt durch Mediation bearbeitet werden konnte. Es zeigt sich aber, dass der Konflikt nur die bekannte Spitze vom Eisberg ist. Gerade bei betrieblichen Konflikten zeigt sich häufig, dass an der Konfliktdynamik ursächlich strukturelle Gründe mitverantwortlich sind. Typisch für Organisationen ist, dass aufgrund ihrer komplexen Dynamik, Konflikte oftmals da auftauchen, wo sie gar nicht entstanden sind. Sie suchen sich sozusagen einen Aufhänger, an dem der Konflikt sich manifestieren kann. Durch die gelungene Konfliktlösung wird es möglich, tiefergreifende Strukturprobleme zu thematisieren.

Beispiel: Die Mediation führt zu einer Organisationsberatung
Ein großes Dienstleistungsunternehmen strukturiert die Büroabläufe und -organisation völlig um. Statt fester und ausreichender Arbeitsplätze gibt es nun sogenannte working-points. D.h., unpersönliche Arbeitsplätze in einem Großraumbüro, die jeden Tag neu ausgesucht und belegt werden müssen. Aufgrund gleitender Arbeitszeit sind die begehrten Fensterplätze morgens zuerst belegt. Sollten wirklich einmal nicht genügend Mitarbeiter krank oder in Urlaub sein, muss man im ganzen Haus auf die Suche nach einem Arbeitsplatz gehen.

Seit der Einführung mehren sich die Konflikte ins Unermessliche, und zwar auf vielen Ebenen: zwischen den alten und den neuen Mitarbeitern, zwischen Betriebsrat und Geschäftsleitung, schließlich durch erhöhte Krankmeldungen und Aggressionen. Der gerufene Mediator hat alle Hände voll zu tun und kann einige Konflikte lösen. Bald zeigt sich aber, dass ein Ende nicht abzusehen ist. In einer Auswertung mit Geschäftsleitung und Betriebsrat macht er den Vorschlag eine Projektgruppe einzurichten, die konkrete Möglichkeiten der Strukturveränderung erarbeiten soll. Mit Zustimmung der Geschäftsleitung wird die Gruppe von einem Organisationsberater moderiert und geleitet und Vorschläge zur Veränderung werden erarbeitet und von der Geschäftsleitung umgesetzt.

Ein weiteres Beispiel finden Sie im Abschnitt Konfliktmoderation (Kap. VI): Zuerst fand eine Mediation mit dem Vorstand und dem Geschäftsführer statt, der sich ein größerer Organisationsentwicklungsprozess zur Umstrukturierung des Verbandes anschloss.

3. Das Patchworkmodell

Ich habe dieses Modell so genannt, weil ich sehr gute Erfahrungen damit gemacht habe, innerhalb eines Beratungsverfahrens - wie Organisationssupervision oder Organisationsberatung - phasenweise das

Verfahren zu verändern, wenn eskalierte Konflikte ein Weiterarbeiten verhindern. D.h. wir kombinieren beispielsweise Teamsupervision mit Mediation. Da Sie hierzu ausführliche Beispiele in Kapitel VIII finden, schildere ich Ihnen hier einen Fall aus der Organisationsberatung.

Mediation im Rahmen eines Organisationsentwicklungsprozesses (OE)

Dabei handelt es sich um eine Behinderteneinrichtung, die sich in den letzten Jahren durch eine Verbreiterung ihres Betreuungsangebotes enorm vergrößert hat. Die bisherigen Leitungsstrukturen, die im wesentlichen durch eine face-to-face-Kommunikation geprägt waren, erwiesen sich für die neue, komplexer gewordene Organisation nicht mehr als adäquat. Der OE-Prozess sollte dazu beitragen, angemessene neue Leitungsstrukturen zu finden und umzusetzen. Die relative Autonomie der unterschiedlichen Betreuungsbereiche wurde mehrheitlich als Lösung ins Auge gefasst. Jeder Bereich sollte von einem Verwaltungsexperten mit Dienstaufsicht und einer Pädagogin mit Fachaufsicht besetzt werden. Dieses Konzept bewährte sich in allen Bereichen trotz anfänglichem Misstrauen der Mitarbeiter. In einem Bereich allerdings kam es während des OE-Prozesses zu erheblichen Differenzen zwischen den beiden Leitungsverantwortlichen. Diese verhärteten sich so weit, dass es zu einer Spaltung der Mitarbeiter führte. Die fachliche Arbeit wurde durch den Kampf der beiden Leiter zunehmend lahmgelegt. Der Organisationsberater führte zwar mehrere Gespräche mit beiden, was allerdings nicht zu einer Veränderung führte. Die Lage schien immer aussichtsloser. Daraufhin schlug er dem Auftraggeber vor, mich als Mediator einzusetzen. Ich kürze hier ab und komme gleich zum Ergebnis. Beide Betroffenen sahen keinen Weg mehr zueinander, konnten sich aber in abgegrenzten Bereichen weiterhin eine Zusammenarbeit vorstellen. Daraufhin wechselte die Pädagogin in ein neues Projekt, für das der Verwaltungsleiter auch dienstrechtlich verantwortlich war. Die Kooperationsbezüge hier waren aber abgegrenzter, so dass auf dieser Ebene der Konflikt gelöst werden konnte und die Arbeitsfähigkeit wieder hergestellt war.

Implizite Mediation

Eine andere Form, Mediation als hilfreiche Ergänzung im Kanon der Prozessberatungsmethode zu sehen, hat sich für mich durch die ihr zugrunde liegenden Prämissen ergeben.

Ein Beispiel: *Die selbstfinanzierte Supervision eines Ärzteteams einer Klinik hatte den Auftrag, die Kooperation unter den Kollegen zu verbessern. Durch Stress und häufigen Wechsel waren die Bedingungen eines Austausches sehr erschwert, es entstand kein Klima des kollegialen Miteinanders. Schon zu Beginn der Supervision hatte ich den Ärzten empfohlen, ihren Chefarzt aus der Beratung nicht auszuschließen, da erfahrungsgemäß die Leitung wesentlich zum Gesamtklima beiträgt. Diesen Gedanken fanden sie zuerst höchst absonderlich, denn dieser Chef wurde als mächtig und angstmachend erlebt. Nach einer Weile des gemeinsamen Arbeitens kamen wir aber an den Punkt, an dem es an der Zeit war, die Kritik und die Wünsche an den Chefarzt im geschützten Rahmen der Supervision zu bearbeiten. Der Chefarzt hatte keine Bedenken und folgte der Einladung gern. Die Ärzte hatten aber große Angst, dass eine Bombe platzen könne und alles schlimmer als vorher wird.*

Wir verabredeten 2 Sitzungen zusammen mit dem Chefarzt. Ich war aufgeregt. Die Spannung vor dieser Sitzung war enorm. Obwohl die Sitzung unter der Überschrift „Supervision“ lief, nahm ich eher eine mediatorische Haltung ein. D.h. vor meinem inneren Auge sah ich Chefarzt und Ärztekollegium als zwei Parteien, die ins Gespräch kommen wollen. Mit dieser Haltung gelang es mir, den Chefarzt vor überflutenden Vorwürfen zu schützen und seine Dinge zur Sprache kommen zu lassen sowie die Ärzte auf einige Punkte zu begrenzen, so dass ein Klima des gegenseitigen Zuhörens entstehen konnte. Dies war in den Klinikbesprechungen nie möglich gewesen. Es wurden einige Dinge vereinbart, z.B. wie die Besprechungen in Zukunft angstfreier ablaufen konnten. Die Ärzte waren überrascht, wie konstruktiv die Sitzungen abgelaufen waren. Danach arbeiteten wir im "normalen" Setting weiter. In späteren Sitzungen kam bei bestimmten Themen der Chefarzt wieder dazu.

Meine Einschätzung war, dass mir der innere Blick des Mediators in dieser brenzligen Situation geholfen hat, sie konstruktiv zu meistern.

Die sieben Phasen der Organisationsmediation

Hier gehe ich davon aus, dass wir im Rahmen der Auftragsklärung zu dem Ergebnis gekommen sind, dass Mediation das Verfahren der Wahl ist. Im Prinzip laufen diese Phasen (ab Punkt 2) entsprechend ab, wenn wir das >Patchworkmodell< anwenden, also im Rahmen von einer Team-Supervision oder Organisationsberatung Mediation integrieren (weitere Beispiele dazu im Kap. VII).

1. Kontaktaufnahme der Beteiligten mit dem Mediator

Es gibt zwei Zugänge, um zu einem Mediationskontrakt zu kommen: Entweder die Konfliktparteien haben sich vorher geeinigt, eine Mediation in Anspruch zu nehmen oder: Eine Konfliktpartei nimmt den Druck besonders wahr und wendet sich an einen Mediator, weil das Gespräch mit der anderen Konfliktpartei nicht möglich ist. Dann kann sich der Mediator an die andere Konfliktpartei wenden und über den Wunsch der anderen Seite berichten und dabei erläutern, um was es sich bei der Mediation handelt.

Auch in Fällen in denen sich die Streitparteien hinsichtlich einer Mediation einig waren, habe ich in manchen Fällen mit den jeweiligen Konfliktparteien getrennte Vorgespräche geführt. Dabei ging es weniger um die Konfliktinhalte, sondern vielmehr um die Darstellung des Mediationsablaufs und seiner Prinzipien sowie einer Einschätzung, ob der Fall für die Mediation geeignet ist. (Bei hierarchieübergreifenden Konflikten führe ich grundsätzlich Einzelvorgespräche, wie unten ausgeführt.)

Ich verspreche mir in den genannten Fällen, dass ich erst mal einen besseren emotionalen Kontakt zu den jeweiligen Konfliktparteien bekomme, weil die Konfliktthemen noch nicht so im Vordergrund stehen. In dieser Situation ist es auch leichter noch mal abzuklären, ob sie sich wirklich auf die Mediation einlassen möchten.

Im Vorgespräch werden die Regeln der Mediation besprochen und u. U. um die Wünsche der Beteiligten erweitert. Hier wird auch auf die Freiwilligkeit hingewiesen, die im Arbeitskontext oftmals nur die Wahl zwischen zwei schlechten Alternativen ist (Sanktion oder Klärung).

Bei Konflikten auf der kollegialen Ebene muss der Leiter vorab darauf hingewiesen werden, dass durch die Mediation für ihn Relevantes (Unangenehmes) zu Tage treten könnte. Deshalb muss der Vorgesetzte mit der Mediation einverstanden und bereit sein, sich mit dem Ergebnis auseinander zu setzen. Schließlich gehört Konfliktmanagement zu seinen Führungsaufgaben, das in besonderen Situationen an einen Experten ausgesourct wird. Wenn sich für ihn ein Konflikt aus der Vereinbarung der Konfliktparteien bezüglich seines Verantwortungsbereichs ergibt, ist die Vereinbarung so nicht haltbar, denn in diesem Falle wird der Leiter mit zum Konfliktpartner und sollte in die Mediation aktiv einbezogen werden. Oberstes Prinzip ist immer: Alle müssen mit dem Ergebnis zufrieden sein.

Die Bereitschaft der Führungskraft, das Feedback der Konfliktparteien zu organisatorischen Fragen entgegenzunehmen, beeinflusst die Ausgangslage der Mediation von Anfang an positiv. So erfahren die Konfliktparteien bereits in der ersten Kontaktaufnahme mit dem Mediator, dass die Führungskraft ein grundsätzliches Interesse am Feedback zu strukturellen Belangen hat. Für die Beteiligten hat dies insofern eine entlastende Funktion, da signalisiert wird, dass die aktuelle Konfliktdynamik möglicherweise kein persönliches Problem ist, sondern strukturelle Faktoren mit im Spiel sind.

Da Organisationen sich durch komplexe formale und informelle Strukturen und eine entsprechend komplexe Dynamik auszeichnen, sind oftmals scheinbar nicht direkt betroffene Mitarbeiter involviert – die sogenannten Stakeholder.[15] Sie haben ihre Aktien mit im Spiel und erhoffen sich positive oder negative Auswirkungen vom Mediationsverfahren oder befürchten diese. Ed Schein nennt diese Mitarbeiter die mittelbaren Klienten, die hinter der Bühne des offiziellen Geschehens beobachtend teilnehmen. Sie in angemessener Weise in den Prozess einzubeziehen, scheint mir ein neues Thema in der Organisationsmediation. Gelingen kann dies, indem nach jeder Mediationssitzung gefragt wird, wer welche Informationen des Verfahrens benötigt, und in welcher Form diese Informationen weitergegeben werden. Ziel dieses erweiterten Vorgehens ist es, dass die erreichte Konsenslösung von vielen getragen wird – und zwar indem sie verstanden wird.

2. Konfliktagenda: Darlegung der unterschiedlichen Positionen

In dieser Phase haben die Konfliktparteien die Möglichkeit, den Konflikt aus ihrer jeweiligen Perspektive darzustellen. Selbstredend weichen die Standpunkte voneinander ab, denn sonst gäbe es keinen Konflikt. Hilfreich und wichtig ist, dass jede Konfliktpartei den Raum bekommt, um ihre Sicht der Dinge darzustellen, ohne dass es zu einer Bewertung kommt. Der Mediator hat die Aufgabe als neutraler Dritter, die jeweilige Sichtweise zu respektieren.

Als kleines Beispiel für die Unterschiedlichkeit der Wahrnehmung aufgrund verschiedener Perspektiven nehme ich gerne folgendes Zeichen zur Demonstration:

3

Fast ausnahmslos wird die Zahl 3 gesehen. Aus einer anderen Perspektive kann es aber ebenso ein

Ɛ

sein. Also der Buchstabe „E". Den Perspektivwechsel können wir fortführen und entdecken ein "m", ein "w", manchmal wird auch ein Busen gesehen.

Diese kleine Demonstration hilft den Konfliktbeteiligten fast immer anzuerkennen, dass eine als sicher angenommene Wahrheit tatsächlich auch eine andere Sicht erlaubt. Dies erleichtert es in der Regel, sich zumindest die Sichtweise des Anderen anzuhören. Es geht ja

nicht darum, die Meinung des anderen zu übernehmen, sondern dass der Mediator die jeweiligen Konfliktsichtweisen möglichst genau versteht. Eine Position richtig zu erfassen, heißt nicht sie gutzuheißen. Dieses sich Einlassen auf die Konfliktperspektive führt nach meinen Erfahrungen bereits zu einer Beruhigung der Konfliktdynamik, weil man sich endlich verstanden fühlt.
Ein Seminarteilnehmer schilderte es einmal so:

Die Auseinandersetzungen mit meiner Kollegin beherrschen seit Jahren die abendlichen Gespräche mit meiner Frau. Sie gibt sich wirklich alle Mühe mich zu verstehen, ich glaube aber, dass sie das ewig Gleiche nicht mehr wirklich hören kann. Ich fühle mich mit dem Thema zunehmend allein gelassen. Treffe ich mich zum Bier mit meinem besten Freund, nimmt die Konfliktschilderung über meine Kollegin manchmal folgenden Lauf: Mein Freund: "Ja, ja das kenne ich, da kann ich Dir auch Geschichten von meiner Arbeit erzählen." Und dann erzählt er ausführlich seine Geschichte. Ich habe die Erfahrung gemacht, dass nach einer Weile keiner mehr etwas von meinen diesbezüglichen Schwierigkeiten hören will oder, wie in diesem Falle, seine Geschichten auf meine draufpackt.

Dann sind die offenen Ohren und das genaue Verstehen des Mediators der erste Schritt in Richtung Deeskalation. Endlich ist da jemand, der sich unvoreingenommen bemüht, meine Konfliktperspektive zu verstehen ohne sie zu bewerten oder vermeintlich kluge Ratschläge zu geben.

In dieser ersten Phase der Schilderung des jeweiligen Themas bzw. Anliegens (ich versuche das Wort Konflikt zu vermeiden) entscheidet sich, ob die Ratsuchenden den Eindruck haben, dass der Mediator allparteilich ist.

3. Klärung der Interessen, Wünsche, Bedürfnisse

Aus Mediationen zwischen Arbeitskollegen wissen wir, dass die eskalierten Konflikte mit annähernd hundertprozentiger Sicherheit aus alten Verletzungen stammen. Manchmal gesteht sich der Gekränkte – oft ist es nur der, der sich z.B. bei einer Beförderung zurückgesetzt fühlt – diese Kränkung gar nicht ein, sondern versucht sie sich rational zu erklären. Dann rumort es im Untergrund weiter.[16] Der Konfliktexperte Friedrich Glasl bezeichnet solche Vorgänge als "kalte Konflikte". Sie wirken ohne recht fassbar zu sein, sie behindern die Zusammenarbeit, weil der eine dem anderen nicht zuarbeitet oder durch schlechte Laune das Klima belastet. Erst wenn sich der Konflikt zu einem "heißen" entwickelt hat, ist die Klärung durch eine Mediation möglich. In diesen Fällen versuche ich sehr geduldig durch gegenseitiges Verstehen bis zum Kränkungspunkt vorzudringen. Die Entspannung stellt sich regelmäßig dann ein, wenn der andere die Kränkung des Kollegen verstanden hat, wenn der gekränkte Kollege an den für ihn adäquaten Partner seine Verletzung adressieren kann. Solche Momente haben fast etwas Religiöses und Berührendes. Es entsteht eine bedächtige Ruhe, die Blicke der Beiden treffen sich und Sätze wie "Das kann ich verstehen" werden vom anderen aufgenommen und scheinbar wie eine Entschuldigung verbucht. Obwohl es im Grunde nichts zu entschuldigen gibt. Vielleicht denke ich dabei an Sätze wie "Ich vergebe dir, wie wir vergeben unseren Schuldigern", die für einen Atheisten sicherlich völlig falsch wieder gegeben und verstanden sind.

Entscheidend ist das Blickfeld, auf das wir unseren Fokus richten. Immer geht es um Komplexitätsreduktion.

Im Falle der Kollegenmediation begrenzen wir uns auf ihre Rollen und Aufgaben. Stellt sich in der Beratung heraus, dass strukturelle Bedingungen ursächlich für den Konflikt verantwortlich sind, können wir dies im Nachgang mit ihrem Vorgesetzten besprechen.

Konflikte zeichnen sich ja gerade dadurch aus, dass hinter den verhärteten Standpunkten die eigenen Interessen und Wünsche verloren gehen. Über die Klärung der Standpunkte ist eine Konfliktvermittlung nicht möglich. In diesen Fällen kann es nur zu einer anspruchsorientierten Kompromisslösung mit den hinlänglich bekannten Folgen kommen.

Der Lösungsweg ist nur über das Herausfinden der Interessen möglich, die hinter den Standpunkten verborgen sind. Es bleibt uns nicht erspart, in das kalte Wasser zu springen, um die Tiefen des Eisberges auszuloten.

Im Mediationsverfahren erlebe ich diese Phase immer als die schwierigste, aber auch als die wichtigste. Schwierig, weil die Konfliktparteien sich von ihren Standpunkten lösen müssen, die bekanntlich ja auch ein Angstschutz sind. Der Mediator muss den Schutz zur Verfügung stellen, damit die Konfliktparteien sich trauen, ihre Interessen, Bedürfnisse bzw. Wünsche zu äußern. Und nicht nur ihre Interessen, sondern auch die Kränkungen und Verletzungen. Je besser dies mit Hilfe des Mediators gelingt, um so leichter wird der Weg zu einer Einigung geebnet.

Peter Heintel (2006) greift das Problem auf, was geschieht, wenn eine Partei für sich eine Gewissensentscheidung reklamiert, gegen die grundsätzlich nichts einzuwenden ist. Wenn diese aber auf Moralität begründet ist, ist eine Grenze erreicht, die weitere Verhandlungen ausschließt, da sie nicht anschlussfähig ist. Er fragt: “Kann es hier überhaupt Vermittlung und neue Bewegung geben?” Und sieht in einer >prozessethischen Intervention< eine Chance, “die Monopolisierung des Moralanspruchs zu hinterfragen und die verborgenen Widersprüche deutlich zu machen, die in der vordergründigen Zuspitzung moralisch gegen amoralisch stecken. Dabei kann eine Analyse der unterschiedlichen Positionen und ihrer >Wertfiguren< hilfreich sein.” (S. 207) Heintel identifiziert mindestens vier >Moralitäten< die aufeinander treffen können:

1. das individuelle Gewissen,
2. die “Moralität der Bedürfnisansprüche”,
3. die „Moralität der Leistungsansprüche (erfolgreiches Überleben des Wirtschaftsunternehmens)”
4. die „Moralität der Loyalität (was kann ich gegenüber den von mir Repräsentierten verantworten)”

Auf der Ebene der >Moralität< ist wie bei den Standpunkten keine Annäherung möglich, vielmehr ist es hilfreich auf einer Metaebene zu untersuchen, welche unterschiedlichen Wertentscheidungen und Wertfiguren hier im Konflikt aufeinander treffen.

In dieser Phase geht es zur Sache, d.h. wir stoßen hier in den Bereich der Verletzungen und Enttäuschungen, Vorurteile und dergleichen vor. Also: explosiver Sprengstoff liegt hier bereit. Im Sinne der Mediation verfolge ich die Haltung, dass gegenseitige Entwertungen und Beleidigungen nach Möglichkeit vermieden werden sollten, nach dem Motto: Eskalieren können die Konfliktbeteiligten auch ohne Berater. Denn meist haben sie schon eine hohe Kompetenz in subtiler Kränkung entwickelt und dadurch die Eskalationsschraube unversehens höher gedreht. Als Mediatoren versuchen wir, die Entwertungen umzuformulieren in Wünsche.

Anders geht Christoph Thomann, inzwischen auch anerkannter Mediator, vor, wenn er hier den "Dialog der Wahrheit" vorschlägt, d.h. dass die Konfliktbeteiligten sich die subjektiven Meinungen etc. sagen. Ich habe beim Lesen eher den Eindruck gehabt, sich an den Kopf werfen, wobei Thomann betont, dass er weiß, dass im Teamkontext der Einzelne immer für ein latentes Gruppenthema steht. Er versucht ihn zu schützen, meint aber, dass die "Wahrheit" auf den Tisch muss, da sie hinter vorgehaltener Hand eh existiert. (Ich hatte schon Gerhard Schwarz zitiert, der die Ideologie der konstruktiven Kritik als Konfliktvermeidungsstrategie geißelt.) Mich erinnert dieses Vorgehen eher an Team-Supervisionserfahrungen. Hier sind solche explosiven Entladungen nicht immer zu unterbinden. In der Anfangszeit als Supervisor war ich hier großzügiger im Sinne Thomanns. Inzwischen habe ich mir eher die mediative Haltung zu eigen gemacht aus der Erfahrung, dass manche Explosionen den Graben eher vertiefen als überbrücken.

Je nach Mentalität der Beteiligten und Verhärtung des Konfliktes kann es immer wieder vorkommen, dass die Klärung in dieser Phase scheitert. Dabei greife ich zwei neuralgische Punkte heraus:

- *Expansion von Streitfragen:* Die Konfliktparteien werfen weitere Streitpunkte in die Debatte und definieren jedes Phänomen, das mit der Konfliktpartei in Zusammenhang steht, als Streitpunkt um.
- *Ausweitung des sozialen Rahmens:* Die Konfliktparteien beziehen immer mehr Personen in den Konflikt ein.

Manchmal hilft es dann nur, die Frage zu stellen, ob jetzt eine Lösung gewünscht wird, u.U. kann man die Frage noch erweitern und fragen, ob die Beteiligten etwas brauchen, um sich weiterhin auf das Verfahren einzulassen.

4. Metaebene

In Abweichung bzw. Ergänzung zum klassischen Mediationsablauf, halte ich einen Zwischenschritt im Kontext der Organisationsmediation für hilfreich, der nach Klärung und Beruhigung der emotionalen Verwobenheiten in die Konfliktdynamik stattfinden kann oder zu einem späteren geeigneten Zeitpunkt. Ich gehe davon aus, dass die vermeintlich zwischenmenschlichen Konflikte immer durch organisationelle Strukturen beeinflusst, ja ausgelöst werden. Hier nun hat der Berater die Chance auf einer Metaebene den Konflikt aus seiner Perspektive einzuschätzen und in einen größeren Zusammenhang zu stellen. Manchmal reichen kleine Hinweise, z.B. dass eine funktionierende Teamarbeit auch einen entsprechenden Rahmen braucht, also regelmäßige Teambesprechungen unter Teilnahme des Vorgesetzten und möglichst auch eines (wechselnden) Moderators. Als Voraussetzung zur Teamfindung und –entwicklung sowie einer entsprechenden Konfliktkultur kann dies ein wichtiger Baustein sein. Oder bei hierarchischen Konflikten auf Instrumente von Personalgesprächen und Feedbackregeln als Möglichkeiten hinzuweisen.

Diese Phase bietet dem Organisationsmediator die Chance seine Kompetenzen aus der Supervision und Organisationsberatung konstruktiv einzubringen und seine Erklärungen führen die Beteiligten auf die Arbeitsebene zurück. In dieser Phase verbinden sich die beraterischen Kompetenzen aus dem mediatorischen und supervisorischen Spektrum zu einer Einheit. Gefordert sind hier auch die Beteiligten, ihr know-how einzubringen und nach Erklärungen für ihre Konfliktdynamik zu suchen. Das fördert zugleich die Chancen einer Konfliktprävention.

5. Erarbeitung von Lösungs-Optionen

Nach Durchschreiten dieser Phasen entsteht gewöhnlich so viel Freiheit zur Kreativität, dass den Beteiligten Ideen zur Lösung kommen, die vorher blockiert waren. Alle Vorschläge werden zuerst unzensiert aufgenommen. Aus der gesamten Fülle destillieren die Beteiligten dann mit Hilfe des Mediators realistische Lösungsoptionen heraus. Wenn es zu einer – was oft oder meistens der Fall ist – Einigung kommt, überprüft der Mediator, ob der Vorschlag zum einen realistisch ist und zum anderen, ob er wirklich beide Parteien zufrieden stellt.

Ausbildungsteilnehmer fragen regelmäßig nach, ob sie denn keine Vorschläge einbringen können, sie hätten doch so gute Ideen, die bestimmt helfen würden. Im Mediationsverfahren – und der Prozessberatung - gilt die Regel: Die Lösung muss von den Beteiligten kommen. Aber keine Regel ohne Ausnahme: Was wir in dieser Situation machen können, ist den Ratsuchenden Lösungsvarianten im Sinne eines Gutachtermodells anzubieten, wenn das Thema zu komplex ist.

In der Konfliktklärung einer Gemeinschaftspraxis mit drei Inhabern beispielsweise kamen wir an den Punkt, dass die Beteiligten zu dem Ergebnis kamen, sie möchten ihre Zusammenarbeit in der Form auflösen. Sie hatten in der Euphorie ihres Beginns aber keinerlei vertragliche Regelungen für einen möglichen Ausstieg vereinbart. Um sich in dieser Situation sachkundig zu machen, schlug ich ihnen vor, sich bei ihrem Verband zu erkundigen, ob es dort Erfahrungen in dieser Richtung gibt: wie hoch gewöhnlich die Abfindung ist, wie mit den gemeinsamen Patienten umgegangen wird etc. Auf Grundlage dieser Empfehlungen kreierten sie ein Ausstiegsmodell mit verschiedenen Varianten.

Diese quasi gutachterlichen Möglichkeiten können das Spektrum der Lösungen erweitern helfen. Sie sollten immer nur Angebote sein, die die Konfliktparteien ohne Schuldgefühle ablehnen können. An dieser Stelle kann auch die unter Punkt 4 beschriebene Metaebene hilfreich sein, wenn sie das Thema in einen größeren Zusammenhang stellt.

6. Abschluss einer Vereinbarung (Maßnahmensicherung)

Die gefundene Lösung wird in Form einer schriftlichen Vereinbarung festgehalten. Sollten rechtliche Aspekte berührt werden, haben beide Seiten die Chance sich mit ihren Anwälten rückzukoppeln. Auf diese Möglichkeit weist der Mediator hin: zum einen, um die Beteiligten vor neuen juristischen Konflikten zu schützen und zum anderen, weil der Mediator keine rechtlichen Beratungsaufgaben übernehmen darf.

Ein wichtiger Teil der Vereinbarung ist die Festlegung eines Termins, zu dem die Umsetzung der Vereinbarung überprüft wird: das sogenannte Bilanzgespräch. Sollte sich hier herausstellen, dass die Konflikte nicht beigelegt werden konnten, wird die Mediation an dieser Stelle fortgesetzt.

Jetzt ist der Punkt erreicht, um den Kreis zu schließen. Am Beginn stand die Auftragsklärung und Vereinbarung mit der Leitung, nun steht die Rückmeldung an den Auftraggeber an. Nicht immer wird das explizit gewünscht. "Es ist doch schön, wenn es wieder läuft!", so können wir manchmal hören, sollten uns damit aber nicht zufrieden geben. Entsprechend unserer Grundhaltung, dass jeder Konflikt, der in der Organisation auftaucht, organisationelle Anteile in sich trägt, sollten die Leitungsverantwortlichen über das Feedback der Konfliktbeteiligten eingebunden werden. Dies wird in einer besonderten Sitzung vom Mediator geleitet, und zwar nicht mehr in der Rolle des Konfliktvermittlers, sondern als Moderator, der die Sitzung leitet.[17] Organisationsdynamisch relevant kann diese Sitzung für die Leitung auch insofern sein als unter Umständen strukturelle Dinge angesprochen werden, die immer wieder zu neuen Konflikten einladen und nach einer grundsätzlich Veränderung rufen. Die Konfliktbeteiligten werden dadurch auch aus ihrer Rolle als Konfliktverantwortliche entlassen, der Konflikt wird sozusagen vergesellschaftet.

7. Bilanzierung (Follow up)

Der letzte Punkt der Vereinbarung legt fest, wieviel Zeit die Beteiligten benötigen, um das Festgelegte in der Praxis zu erproben. Zum vereinbarten Zeitpunkt findet eine Rückkoppelung zwischen Mediator und den Beteiligten statt, um zu hören, ob die vereinbarten Punkte umgesetzt werden konnten. Ist das bei einem Punkt nicht der Fall gewesen, wird dieser nachverhandelt.

Die Vereinbarung dieses Follow-up-Gesprächs hat auch eine psychologische Komponente. Dieses Gespräch vor Augen, bleiben die Beteiligten sozusagen noch an der langen Leine mit dem Mediator verbunden und spüren seine Ernsthaftigkeit.

Prinzipien der Mediation

Allparteilichkeit

Ich spreche lieber von Allparteilichkeit als von Neutralität. Denn mit Allparteilichkeit verbinde ich, dass ich mich auf alle präsentierten Sichtweisen verstehend einlasse. Sich auf eine Sichtweise einzulassen, bedeutet nicht, diese gutzuheißen. Hier spüre ich bei neuen Kollegen oftmals eine diffuse Berührungsangst nach dem Motto "Verstehen heißt Rechtgeben".

Da die Konflikte "leiblich-seelisch" beim Einzelnen verortet sind und somit eine ganz bestimmte Ausprägung des jeweiligen Widerspruchs darstellen, sollte hier mit der Bearbeitung begonnen werden. Denn "Auslegungen sind nicht bloß >perspektivisch< eingepasst in lebensgeschichtliche Erfahrungen und Prägungen, sie können auch >verzerrt< sein. Letzteres meint, dass man sich ein Konfliktbild zurechtgelegt hat, das sich vollständig von den eigentlichen Ursachen und Widersprüchen abgekoppelt hat. Dennoch ist dieses gleichsam mit der Person verwachsen, ihr >Sein< im Konflikt. Sieht man nun von diesem einfach ab, indem man sich sofort und ohne Umschweife auf die Metaebene der Ursachen außerhalb begibt, kann es geschehen, dass man entweder verstört oder weit weg von den Personen Lösungen etabliert. Ersteres mindert die Bereitschaft, aktiv am Lösungsweg mitzuarbeiten, zweiteres führt oft zu Rückfällen, weil alternative Konfliktsichten nicht wirklich >zu Eigen< gemacht werden konnten."[18]

Hier bewegen wir uns auf dem schmalen Pfad, die Balance zwischen Person und System auszupendeln. Wie im Kapitel "Konfliktdefinition" angeführt, tendiert jede Organisation dazu, Konflikte mehr oder weniger stark zu individualisieren, und zwar durch Schuldzuweisung, Abqualifizierung oder Entwertung. So wird jede Mediation zu Beginn den geheimen Auftrag haben, den Schuldigen zu finden. Hinweise dazu werden – mehr oder weniger offen – zumeist schon in der Auftragsklärung formuliert.

Sitzen dann die Beteiligten vor einem, bedarf es vom Mediator großer Anstrengungen emotionaler und methodischer Art sich nicht auf den Holzweg der gelegten Schuldzuweisung zu begeben. Sitzen die Konfliktprotagonisten vor einem, wird das Allparteilichkeitspostulat zu einer ständigen Herausforderung. Den Mediator können auch Zweifel beschleichen, ob nicht wirklich ein Mitarbeiter seine Rolle angemessen ausfüllt. Wenn der Vorgesetzte beispielsweise seine Führungsrolle kategorisch ablehnt und sich nur als Moderator des Teams definiert oder wenn ein Mitarbeiter die Kooperation durch seine Pingeligkeit so stark formalisiert, dass jede Kreativität im Keim erstickt wird.

Die Kunst des Mediators, den >Systemblick<[19] nicht zu verlieren, ist die Kunst dieses Verfahrens, denn tangiert werden hier eigene lebensgeschichtliche Erfahrungen, kulturelle Werte (Spaltung in Gut und Böse) und ethische Haltungen, z.B. über angemessene Führung oder Teamfähigkeit.

Freiwilligkeit

Dies ist das wichtigste Kriterium einer Mediation. Eingeschränkt wird sie u.U. durch den Druck etwas verändern zu müssen. Auch wenn die Teilnahme freiwillig sein muss, so zeigt sich in der Praxis oftmals, dass die Alternative *Mediation oder gerichtliche Auseinandersetzung* ist.

(Parallelen zur Drogentherapie fallen auf: "Therapie statt Strafe"). Aber immerhin gibt es hier Entscheidungsräume. Wenn die Konfliktbeteiligten voneinander abhängig sind und sie ihre Beziehung unter vernünftigen Bedingungen fortsetzen wollen, entschließen sie sich zur Mediation.

Selbstbestimmte Entscheidungen sind ein hoher Anspruch. Philosophen, Theologen, Juristen und Psychologen haben sich aus unterschiedlichen Perspektiven immer schon mit der Frage beschäftigt: "Was ist freier Wille und kann es ihn überhaupt geben?"[20] Immer bewegte sich die Auseinandersetzung um die Dimensionen Freiheit und Gehorsam. Spätestens seit der Aufklärung war Freiheit das Gegenstück zum Absolutismus. Jetzt hatte der Einzelne die Verantwortung für seinen freien Willen auf dem Schoß und musste sehen wie er mit dieser Bürde umgeht. Die Frage "Was will ich eigentlich?" gehört inzwischen in unserer Kultur schon fast zu einer Alltagsfrage. Ein ganzes Heer von Psychotherapeuten ist damit beschäftigt ihren Klienten zu helfen, ihr "wahres Selbst" zu finden, zumindest aber ihnen zu helfen, ihre Bedürfnisse besser kennen zu lernen. Aber auch da stehen wir vor dem gleichen Dilemma: Wie entstehen Bedürfnisse eigentlich? Sind sie überhaupt individuell verortbar oder immer schon gesellschaftlich vor- bzw. mitdefiniert? Martin Heidegger ist sich sicher, dass der Mensch hinsichtlich seines Daseins immer schon in eine Kultur und ein Zeitalter *geworfen* ist, was seinen Möglichkeiten zur Lebensgestaltung einen Rahmen vorgibt, den er *Schicksal* nennt. (S. 384) Ob wir es nun unbedingt Schicksal nennen müssen oder es mit der Gestalttheorie halten, nach der der Einzelne immer Teil einer Gruppenmatrix ist, wollen wir hier offen lassen. Der große Soziologe Norbert Elias spricht in diesem Zusammenhang von "Verflechtungsfigur", d.h. "dass sich die Menschen – anders als Billardkugeln – in der Beziehung und durch die Beziehung zueinander bilden und wandeln." (S. 30) Vermutlich können wir uns darauf verständigen, dass der freie Wille nur als Idee vorstellbar in unseren Köpfen spuckt.

Für Marx ist "Freiheit die Einsicht in die Notwendigkeit" und dies kann uns zu unserem Thema zurückführen auf die Beratung in Organisationen (auch wenn Marx dabei etwas anderes im Sinn hatte). Bei allen Beratungen in Organisationen, egal ob Organisationsentwicklung, Teamsupervision, Coaching oder Mediation, finden wir äußere Anlässe, die zu dieser Entscheidung geführt haben.

Freiwilligkeit, das hohe Gut der Mediation, ist somit immer eine sehr relative[21]. Oftmals bewegt sie sich auf dem sehr schmalen Pfad zwischen zwei schlechten Alternativen: Entweder zwei zerstrittene Mitarbeiter nehmen das Angebot ihrer Leitung zur Mediation an oder sie müssen Sanktionen befürchten.

Doch ich will das Kind nicht mit dem Bade ausschütten und den Freiwilligkeitgedanken karikieren.

Ich erinnere die Anfrage eines Leiters einer großen Pflegeeinrichtung, der sich an mich wandte, weil er in einer Fachzeitschrift gelesen hatte, dass Mediation ein geeignetes Mittel sei, um Konflikte unter Mitarbeitern zu lösen. Auf einer Station habe er ein großes Problem, da die Pflegekräfte die Kommunikation mit dem neuen Pflegedienstleiter verweigerten. Dies habe verheerende Folgen, da Dienstpläne nicht mehr erstellt werden und die Pflege aus dem Ruder laufe. Soweit die Sorgen des Leiters und seine Bitte auf der Station eine Mediation durchzuführen. Was der Artikel wohl verschwiegen oder der Leiter überlesen hatte, war das Freiwilligkeitspostulat. Ich wies ihn daraufhin und bot ihm gleichzeitig an, dass ich aber in einer Stationsbesprechung das Verfahren und meine Erfahrungen damit vorstellen könne. Die Teilnahme an dieser Besprechung sollte er verbindlich für alle Mitarbeiter machen. Und so geschah es. Alle waren anwesend und ich erläuterte das Verfahren, erfragte ihre Anliegen und Nöte.

Die gegenseitige Nichtkommunikation von Pflegedienstleitung und Mitarbeitern wurde von allen bestätigt. Zum Abschluss meiner Information wies ich auf die Freiwilligkeit als Voraussetzung einer Mediation hin und vereinbarte, dass man mich in 2 Wochen über ihre Entscheidung in Kenntnis setzen sollte. Alle Beteiligten waren einverstanden. Als nach 3 Wochen immer noch keine Antwort aus der Einrichtung kam, rief ich den Leiter an und fragte nach. Er lachte und sagte, dass die Mitarbeiter und der Stationsleiter nach der Vorstellung so viel Angst vor der Mediation bekommen hätten, dass sie sich entschieden hätten, wieder miteinander zu sprechen und die notwendigen Dinge zu regeln. Ich empfand das als eine durchaus gelungene Lösung, geht es in der Mediation doch darum, entgleiste Kommunikation wieder herzustellen, damit die Betroffenen ihre Dinge selbstständig verhandeln und klären können. Und dies schien nach Aussagen des Geschäftsführers zu seiner Überraschung und Freude der Fall gewesen zu sein.

Während für die Mediation die relative Freiwilligkeit – leichter ist es von Bereitschaft der Beteiligten zur Konfliktlösung zu sprechen – Voraussetzung zur Verhandlung auf Augenhöhe ist, um zu einem guten Ergebnis (win-win-Lösung) zu kommen, kennen wir in den anderen Verfahren (Coaching, Teamsupervision) schon seit einiger Zeit die Tendenz, den Mitarbeitern dies zu verordnen. Für die Teamsupervision lässt es sich relativ leicht mit dem zunehmenden Zwang zur Qualitätssicherung rechtfertigen. So gibt es bereits Kostenträger, etwa in den Feldern Sucht und Psychiatrie, die dies zur Auflage an ihre Finanzierung machen. Im Coaching[22] findet der Druck meist ebenso subtil wie in der Mediation statt. Vorreiter verordneter Beratung in Organisationen war sicherlich die Organisationsentwicklung. Sie wird vom Top-Management beauftragt und die betroffenen Mitarbeiter sollen zur Mitwirkung motiviert werden nach dem Motto >Betroffene zu Beteiligten< zu machen.

Verantwortungsfähigkeit

Mediation kann nur mit Personen durchgeführt werden, die Verantwortung für sich übernehmen können: Das kann bedeuten, dass mit nassen Alkoholikern u.U. keine Mediation durchgeführt werden kann bzw. die Verantwortungsfähigkeit genau auszuloten ist.

Falls man schon im Erstkontakt feststellen kann, dass der Konflikt ein so stark personenbezogener ist, dass eine Psychotherapie das Verfahren der Wahl ist, sollte man dazu raten. Dies kann sich auch im Laufe der Mediation als sinnvoll herausstellen. Allerdings sollte man hier einschränken: Ich selbst habe das noch nicht erlebt. Und wenn ich das hier aufführe, dann nur der Vollständigkeit halber. Denn es berührt genau die Ängste vieler Mediationsanfrager: "Wir möchten aber keinen Seelenstriptease!"

Den entgegengesetzten Pol bilden rein strukturelle Themen. Mediation ist keine Organisationsentwicklung und von daher nicht für die Veränderung von Strukturfragen prädestiniert – wohl aber als Begleitverfahren in Veränderungsprozessen, wie zu zeigen sein wird.

Vertraulichkeit

Um einen Rahmen sicherzustellen, der die nötige Offenheit für das Verfahren eröffnet, ist der Umgang des Mediators von großer Bedeutung. Für mich gilt das Postulat der Transparenz, d.h. ich versichere den Beteiligten, dass ich Informationen erst dann an Außenstehende – z.B. den Vorgesetzten – weitergebe, wenn ich dies mit ihnen abgesprochen habe.

Habe ich es mit zwei Konfliktbeteiligten zu tun, empfehle ich ihnen, die erhaltenen Informationen vertraulich zu behandeln. Damit wird der Rahmen sichergestellt, der persönliche Beiträge zulässt.

Schwieriger wird es bei Gruppenkonflikten, da hier Verschwiegenheit bekanntlich nur selten eingehalten wird. Um dennoch optimale Bedingungen zu ermöglichen, ist es ratsam, den Kreis der Beteiligten möglichst zu begrenzen.

Jederzeitige Beendigung des Mediationsverfahrens

Die Schwelle zur Teilnahme an einer Mediation ist bewusst niedrig angelegt. Dazu gehört zu Beginn die Absprache, dass jederzeit nach einer Mediationssitzung das Verfahren beendet werden kann, und zwar ohne dass dies einer besonderen Erklärung bedarf. Man kann sich vorstellen, dass dies im Rahmen von Organisationen mit ihren bekannten Abhängigkeiten ein neuralgischer Punkt ist. Der untergebene Mitarbeiter wird nicht von Befürchtungen frei sein, dass ihm dies irgendwann nachteilig ausgelegt wird. Bisher habe ich noch nicht erlebt, dass diese Option in Anspruch genommen wurde.

Schaffung einer kommunikativen Atmosphäre

Zur Mediation gehört unabdingbar eine äußere Situation, die es allen Beteiligten erlaubt, sich einigermaßen wohl zu fühlen. D.h. der Raum muss störungsfrei und einladend sein. Nun könnte man annehmen, dass dies gleichermaßen für alle Beratungen gilt. In meinen Mediationsausbildungen für Supervisoren und Berater habe ich hingegen die Erfahrung gemacht, dass die Kollegen erst durch die Ausbildung für diesen Bereich sehr viel sensibler wurden und diese Haltung dann auch verstärkt in ihre Beratungssettings übertragen haben.

Für den Mediationsprozess und die Art und Weise wie sich die Konfliktparteien begegnen und vom Mediator verstanden fühlen ist der Mediator zuständig. Dabei hilft ihm seine mediatorische Haltung: Konflikte nicht eskalieren, alle Beteiligten durch aktives Zuhören verstehen, sein Vorgehen transparent machen: Vor jedem neuen Schritt fasst der Berater den Stand zusammen und versichert sich der Zustimmung der Beteiligten.

Einzelgespräche

Auf die Möglichkeit für Einzelgespräche habe ich oben schon hingewiesen. Ein Indikator von mir aus darauf Bezug zu nehmen ist, wenn ich den Eindruck habe, der Prozess stockt und dreht sich trotz aller Bemühungen im Kreis. Dann kann es sein, dass ein heikles Thema von einer Konfliktpartei nicht offen angesprochen werden kann, es aber zum Verstehen wichtig ist. Das Besprochene wird dann selbstverständlich nicht rückgekoppelt. Um aber kein Ungleichgewicht entstehen zu lassen, führe ich dann auch mit der anderen Konfliktpartei ein Einzelgespräch.

Auf die Sinnhaftigkeit von Einzelgesprächen vor Beginn der Mediation bei hierarchischen Konflikten komme ich im nächsten Punkt zu sprechen.

Die Handhabung des ‚Machtausgleichs' bei hierarchischen Konflikten

Häufig setzen sich die Konfliktbeteiligten aus verschiedenen Hierarchieebenen zusammen (z.B. ein Team mit seinem Vorgesetzten). In diesen Fällen ist es besonders wichtig, dass der Mediator schon im Vorgespräch dem Vorgesetzten zusichert, dass die Hierarchieebenen nicht durch "Gleichmacherei" nivelliert werden, sondern dass er in seiner Rolle als Vorgesetzter vom Mediator geschützt wird. Erfahrungsgemäß gibt es immer Versuche von einer Partei die berufliche Kompetenz der anderen in Frage zu stellen. Nun ist Mediation aber kein Personalentwicklungsverfahren, in dem solche Dinge verhandelt werden können.

Die Vorgesetztenrolle wird im Mediationsverfahren nicht in Frage gestellt. Darauf zu achten, ist die Aufgabe des Mediators, denn erfahrungsgemäß haben besonders Leitungskräfte Angst vor Gesichtsverlust, da sie allein einer Gruppe von Mitarbeitern gegenüber stehen. Daraus darf allerdings auch nicht der Impuls des Mediators erwachsen, einen vermeintlichen Schwächeren zu schützen.

Der gleiche Schutz gilt selbstredend auch dem hierarchisch nachgeordneten Mitarbeiter. Um auch unter diesen schwierigen Bedingungen sinnvoll Mediation durchführen zu können sprechen wir davon, zwischen den Hierarchieebenen einen sogenannten ‚Machtausgleich' herbeizuführen. Dies geschieht in erster Linie durch die Zusicherung des Mediators, dass die jeweiligen Rollen und die Kompetenzen der Rollenträger nicht in Frage gestellt werden.

Am besten gelingt mir dies in getrennten Vorgesprächen. Hier ist es zum einen möglich, einen ersten Kontakt zwischen Berater und Ratsuchenden aufzubauen. Der überschaubare Rahmen eines Zweiergespräches erlaubt es ferner, dass Ängste und Bedenken ihren Platz haben und Sicherungen verabredet werden können. Als Mediator ist es mir wichtig zu erfahren, ob es bereits Sanktionen gab oder ob welche beabsichtigt sind. Aufschluss über die Konfliktentwicklung gibt oftmals ein Einblick in die jeweilige Berufsbiografie innerhalb der Organisation: Wie fand die Einführung statt, welche Veränderungen in der Abteilung und Organisation gab es mit welchen persönlichen Auswirkungen etc.

Ein solches Vorgehen schlägt auch Astrid Schreyögg bei der Konfliktberatung von formalen Doppelspitzen vor mit dem Unterschied, dass sie bereits in diesen vorbereitenden Einzelgesprächen nach den jeweiligen Interessen fragt und versucht die Lösungsoptionen zu erweitern. In ihrem Vorgehen geht sie soweit, dass bereits in diesem Stadium die zu bearbeitenden Themen konkretisiert werden sollen und dem jeweils anderen per Post oder e-mail mitgeteilt werden. (S. 176)

Gruppenmediation

In Organisationen haben Mediatoren es oft mit großen Gruppen wie Teams oder Abteilungen zu tun. Nicht immer ist es möglich und sinnvoll, dass alle Beteiligten teilnehmen. In jedem Falle muss geklärt werden, wer teilnimmt und dass die Rückkoppelung so gestaltet ist, dass auch die Nichtanwesenden ausreichend am Prozess beteiligt sind und die getroffene Vereinbarung mittragen können. Der Einbezug aller Beteiligten bei komplexen Gruppenmediationen kann allerdings nicht so weit gehen, dass eine Minderheit durch ihr Nichtmitwirken das ganze Verfahren blockiert. In diesem Fall müssen die Partialinteressen hinter dem Gesamtinteresse zurücktreten.

Oboth & Seils haben in ihrem Praxisbuch zahlreiche Beispiele zusammengetragen, die hilfreich sind, das Konfliktthema in Gruppen herauszufiltern. Große Parallelen weist natürlich die dargestellte Konfliktmoderation auf (s. Kap. VI).

Wie die Ergebnisse der Kreuzberger Studie zum internen Konfliktmanagement zeigen, spielten sich die meisten Konflikte hierarchieübergreifend ab. Ein Beispiel aus meiner Praxis habe ich vorne beschrieben, in dem auch meine Arbeitsweise deutlich wird: Bevor ich mit einer ganzen Abteilung oder einem Team einen Konflikt bearbeitet, versuche ich nach dem Zwiebelschalenmuster vorzugehen und Schicht für Schicht abzutragen. Das ist nicht nur eine Strategie der Komplexitätsreduzierung, sondern auch mein Versuch, in der Konfliktkomplexität nicht die Übersicht zu verlieren und dadurch unter Umständen neue Minenfelder zu eröffnen. Das Prinzip lautet: top-down nach dem Motto >Die Treppe wird auch von oben gefegt<. Der Grund liegt in der Auftragsklärung begründet, wonach der Verantwortliche der Abteilung bzw. des Teams für das Konfliktmanagement verantwortlich ist und in einer schwierigen Phase diesen Teil an uns als Berater für eine begrenzte Zeit abtritt. Er oder sie bleibt aber der bzw. die Verantwortliche.

Der Konfliktklärer Christoph Thomann gibt wertvolle Hinweise, wie die verschiedenen Hierarchie-Ebenen einbezogen werden müssen, um keine verantwortliche Ebene zu überspringen. In seinen >Hierarchiespielregeln< kommt er insgesamt zu folgenden fünf Konstellationen (S. 191ff):

1. *Kollegialer Konflikt innerhalb eines Teams/einer Abteilung:*
   Zwei Mitarbeiter eines Teams haben einen massiven Konflikt und bitten ihren Vorgesetzen um eine Mediation. Er wird über den Verlauf der Beratung informiert. Ein Bespiel aus meiner Praxis dazu finden Sie auf Seite 41 f.

2. *Kollegialer Konflikt zwischen 2 Mitarbeitern verschiedener Abteilungen:*
   Gelingt die Konfliktklärung durch die jeweiligen Vorgesetzten nicht, können die beiden Gruppenleiter sich einigen und einen Berater hinzuziehen, müssen in diesem Falle aber ihren Vorgesetzten über die Maßnahme informieren.

3. *Hierarchischer Konflikt zwischen Mitarbeiter und Vorgesetztem:*
   Beide können sich an die nächsthöhere Ebene wenden und um Klärung bitten. Gelingt dies in einem – vorzugsweise – Dreiergespräch nicht, ist ebenfalls wieder die Einschaltung eines Mediators sinnvoll.

4. *Hierarchischer Konflikt zwischen Mitarbeiter und seinem Abteilungsleiter:*
   In diesem Falle ist schon etwas aus dem Ruder gelaufen, denn beide stehen gar nicht in einem direkten Arbeitsverhältnis. Es kann durch-

aus sein, dass zwischen beiden Missstimmungen mögliche Begegnungen nicht erleichtern, dazwischen geschaltet ist aber der Gruppenleiter des Mitarbeiters. Man könnte in einer solchen Konfliktlage vermuten, dass irgendetwas im hierarchischen Ablauf durcheinander läuft. Konkret heißt das, dass über den Kopf des direkt Vorgesetzten keine Beratung stattfinden kann.

5. *Konflikte in Projektgruppen:*
Ein bevorzugtes Medium der Organisationsentwicklung sind Projektgruppen. Sie zeichnen sich durch eine zeitliche Begrenzung mit einem relativ klar umrissenen Ziel aus. Zusammengesetzt sind sie hierarchie- und professionsübergreifend. Verantwortlich ist in diesem Falle der Projektleiter, die Hierarchie des Heimatteams der Mitarbeiter ist für die Dauer der Projektzugehörigkeit außer Kraft gesetzt.

Eine besondere Form sind die zeitlich begrenzten – meistens ein- oder zweitägigen – Tagungen mit Abteilungen oder der gesamten Organisation. Hierfür bevorzuge ich den Begriff *Konfliktmoderation.* Kennzeichnend für diese Form ist, dass die Vorgespräche oftmals nur rudimentär erschöpfend geführt werden können, wenn die Teilnehmer aus verschiedenen Regionen zusammen kommen (s. meine Beispiele in Kap. VI).

Kapitel III

Supervision und Mediation

In Diskussionen mit Fachkollegen taucht immer wieder die Frage auf, was denn nun Organisationsmediation eigentlich von Supervision – speziell Teamsupervision – unterscheide. Denn schließlich gehört es ja auch zu den Kompetenzen von Supervisoren Konflikte im Team zu bearbeiten (Beispiele dazu finden Sie in Kap. VII). Dem kann nicht widersprochen werden. Da ich in beiden Feldern tätig bin, sehe ich jedoch Unterschiede, die nicht verwischt werden sollten.

Nach meinen Erfahrungen ist es in der Team-Supervision nicht so, dass am Anfang unbedingt ein manifester zu bearbeitender Konflikt steht. Vielmehr geht es – speziell bei der Teamentwicklung – u.a. um Folgendes:

1. die Kooperationsbeziehungen innerhalb des Teams und an den Schnittstellen zu klären
2. um die Rollenklärung im Kontext der Arbeitsaufgabe
3. darum, strukturelle Unschärfen deutlich zu machen.

Konflikte im Team tauchen häufig erst im Prozess der Arbeit auf, oft verbunden mit einer gewissen Eskalation, die im bestimmten Maße vom Supervisor auch zugelassen wird. Währenddessen ist unsere Aufgabe als Mediator von Anfang an zu deeskalieren. Ferner ist der Radius der Teamsupervision auf das Team und den Teamverantwortlichen (Leiter) begrenzt. Hier suchen wir nicht nach Stakeholdern, und zwar nicht nur im Sinne von Komplexitätsreduzierung, sondern auch weil uns dazu der Auftrag fehlt. Ganz sicher bearbeiten wir Teamkonflikte i.d.R. nicht nach dem Phasenmodell der Mediation.

Team-Supervision und Mediation sind selbstverständlich kompatible Verfahren, und zwar in folgenden Fällen:

1. In der Diagnosephase einer anvisierten Teamsupervision schält sich ein massiver Konflikt zwischen Teamleiter und seiner Stellvertreterin heraus. Anstatt hier mit dem ganzen Team zu arbeiten und den Konflikt dadurch wohlmöglich auf die anderen Teammitglieder zu übertragen bzw. diese zu Zuschauern einer Leitungsklärung zu machen, empfiehlt sich vorab eine Mediation der beiden Führungskräfte.
2. Im Sinne des skizzierten Patchworkmodells (s. Kap. II) lässt sich Mediation gut mit Teamsupervision kombinieren, wenn sich herausstellt, dass die Arbeitsfähigkeit durch massive Konflikte beeinträchtigt ist. In diesen Fällen wäre Teamsupervision u.U. das Öl, das den massiven Konflikt noch mehr anheizt. Wenn die Mitarbeiter wieder so weit frei sind, sich auf die Teamthemen einzulassen, ist Supervision hilfreich.

Im Folgenden werde ich beide Verfahren kurz charakterisieren.

Mediation

In Deutschland bekannt wurde zuerst Christoph Besemer, der durch seine Arbeit in der Friedensbewegung auf die Mediation gestoßen ist. Er weist darauf hin, dass diese Methode eine lange Tradition hat, auch wenn nicht immer unter dem Namen Mediation. So ist der Gedanke der friedlichen Konfliktbeilegung traditionell in Japan und China in Religion und Philosophie verwurzelt. Aus afrikanischen Volksstämmen ist das Palaver bekannt, bei dem eine angesehene Persönlichkeit als Vermittler dient. Hinweise sollen sich auch in der Bibel (Matthäus-Evangelium 18, 15-17) finden, "wenn Jesus empfiehlt, einen oder zwei Außenstehende hinzuzuziehen, wenn ein Regelverstoß nicht im direkten Gespräch bereinigt werden kann." (S. 47).

Der Begriff Mediation taucht zuerst 1947 in den USA auf, und zwar anlässlich des Einsatzes zur Konfliktvermittlung in Arbeitskämpfen.

In diesem Zusammenhang wurde auch die erste Mediationsvereinigung gegründet: Federal Mediation and Conciliaton Service[23].

Entscheidende Impulse zur Professionalisierung der Mediation allerdings gehen auf das amerikanische Harvardkonzept (Fisher u.a.) zurück. Dieser Klassiker der Verhandlungstechnik bildete den Impuls für die *Trennungs- und Scheidungsmediation*, die in Deutschland in den 80er Jahren zum Wegbereiter des Mediationsgedankens wurde. In den Scheidungsfällen geht es darum, die Gemeinsamkeiten in den Vordergrund zu stellen. So kann es etwa im Interesse beider Eltern liegen, die Zerrissenheit der Kinder durch den Trennungsprozess möglichst gering zu halten. Der Kampf um Sieg oder Niederlage kann dann durch ein Streben nach Ausgewogenheit der Interessen abgelöst werden.

Auch die Organisations- und Wirtschaftsmediation fußt letztlich auf dem Harvardkonzept. Ausgangspunkt für das 1979 gegründete interdisziplinäre Projekt war die Frage, wie können selbst schwierige Verhandlungen zu einem Ergebnis geführt werden, ohne dass eine Partei ihr Gesicht verliert und unter welchen Prämissen ist trotz konträrer Standpunkte eine partnerschaftliche Einigung möglich. Heraus kam das bekannte Harvard-Konzept, das weniger eine Theorie als vielmehr ein praktisches Vorgehen hin zu einem für beide Seiten erfolgreichen und sachgerechten Verhandlungsergebnis beschreibt:

Die Prämissen sind so einfach wie einleuchtend:

1. Nicht um Positionen feilschen
2. Menschen und Probleme getrennt voneinander behandeln
3. Auf Interessen konzentrieren, nicht auf Positionen
4. Entwickeln Sie Entscheidungsmöglichkeiten (Optionen) zum beiderseitigen Vorteil
5. Bestehen Sie auf der Anwendung neutraler Beurteilungskriterien.

- **Zwischen Position und Bedürfnis unterscheiden.** Wenn man nur von den zu Beginn eines Konflikts eingenommenen Positionen ausgeht, ist eine einvernehmliche – eine *win–win–Lösung* – nicht möglich. Wenn man dagegen die dahinterliegenden Interessen und Bedürfnisse genauer betrachtet, dann besteht die Chance, für die andere Person Verständnis aufzubringen und es wird dann leichter, eine Lösung zu finden.

- **Zwischen Mensch und Problem unterscheiden.** Konstruktive Konfliktbearbeitung bedeutet, eine Lösung für das Problem zu suchen, ohne die Person des Gegenübers anzugreifen.

- **Die verschiedenen Ebenen eines Konflikts beachten.** Oft geht es in Konflikten gar nicht um den vordergründigen Streitgegenstand (Issue), sondern eigentlich um etwas ganz anderes – um lange zurückliegende, unbearbeitete Konflikte, Missverständnisse, Machtkämpfe usw. Wenn diese verschiedenen Ebenen getrennt behandelt werden können, ist es sehr viel leichter, einen Konflikt zu bearbeiten.

- **Die Kommunikation im Konflikt aufrechterhalten oder wiederherstellen.** Je weiter ein Konflikt eskaliert ist, um so ungenauer und vorurteilsbeladener wird die Kommunikation unter den Beteiligten. Es ist ein wesentliches Element der Konfliktbearbeitung, die Kommunikation nicht abreißen zu lassen.

- **Nach neuen Lösungen suchen.** Für viele Konflikte gibt es nicht nur die Lösung der einen oder anderen Partei, sondern vielleicht eine ganz andere. Oft ist schon viel erreicht, wenn die Konfliktbeteiligten sich darauf einlassen, gemeinsam nach anderen Lösungsmöglichkeiten zu suchen, statt all ihre Kraft darauf zu verwenden, ihre ursprünglich eingenommenen Positionen durchzusetzen.

Trotz seiner scheinbaren Einfachheit hat das Konzept zwei Punkte fest verankert: Über den Streit um Positionen gibt es keine Einigung, die beide Konfliktparteien befriedigt. Ich vergleiche die Position gerne mit einem neurotischen Symptom. Wie wir aus den Fallanalysen Sigmund Freuds wissen, ist das Symptom ein Symbol für einen tieferen Konflikt. Bedeutsam für unseren Kontext ist, dass es vom Betreffenden große Mengen psychischer Energie absorbiert, vergleichbar einer juristischen Auseinandersetzung zwischen Streitenden. Da werden Vorwürfe erhoben, Gegenargumente werden gesucht usw., Ärger ist der stetige Begleiter. Es gibt aber auch die andere Seite, die auch von Freud beschrieben wurde, nämlich den "sekundären Krankheitsgewinn". So kann das Beschäftigen der Gerichte auch zum Lebensinhalt werden. Von Arthur "Atze" Brauner, dem Groß-Mogul der Filmwirtschaft, heißt es, dass er nach dem Verlust eines Großteils seines Vermögens seinen Lebensabend – er ist jetzt über 90 – mit unendlich vielen Prozessen beschäftigt ist.

Über Positionen kann nur gerichtlich gestritten werden mit dem häufigen Ergebnis, dass beide Parteien nicht zufrieden sind, zumindest in Fällen einer Entscheidung "halbe-halbe", also eines sogenannten faulen Kompromisses. Auch im Falle des Siegers des Rechtsstreits bleibt die Beziehung belastet. (Zum Konfliktverständnis siehe Kap. I). Zum anderen gelingt eine einvernehmliche Lösung über den sogenannten Perspektivwechsel, d.h. auch die andere Seite mit ihren Wünschen und Interessen zu verstehen. Das Ergebnis im gelungenen Falle ist eine sogenannte "Win-Win-Lösung". Das bedeutet praktisch nicht mehr – aber auch nicht weniger! – als beide Parteien sich nicht als Verlierer fühlen, d.h. durch das Aushandeln einer Vereinbarung erhält jede Seite mehr, als sie vorher hatte. Die Beziehung kann deshalb auf einer anderen Ebene fortgesetzt werden.

Wenn ich das in meinen Seminaren den Studenten so vortrage, komme ich mir manchmal wie ein Scharlatan vor. Die Anwesenden schauen bei den Worten "Win-Win" meist mehr als zweifelnd, sind doch die eigenen Konflikterfahrungen oft nach einem anderen Muster verlaufen. Erst eigene Erfahrungen mit dem Verfahren führen zu einem

Wandel und damit verbundener Überraschung, dass es wirklich so gehen kann. "Win-Win" setzt natürlich die Bereitschaft zur Lösungsfindung voraus – sonst würde man einen anderen Weg suchen, z.B. den gerichtlichen. Das Aushandeln ermöglicht den Beteiligten sich auf Augenhöhe aus dem Konflikt zu verabschieden, übrig bleiben keine Schamgefühle als Verlierer dazustehen und kein ‚komisches Gefühl in der Magengegend'.

Für den Vergleich Supervision – Mediation ist für uns die ***Organisations- und Wirtschaftsmediation*** von Interesse. Ihre Geschichte im deutschsprachigen Raum ist eine jüngere als die der Scheidungsmediation. Impulse kamen aus den USA, wo Rechtsstreitigkeiten bekanntlich ruinös für die Beteiligten ausgehen können. "Über 700 respektable Wirtschaftsbetriebe verpflichteten sich vertraglich gegenseitig, bei Streitfällen zunächst Mediation zu versuchen, bevor in gerichtliche Verfahren eingestiegen wird."[24] Schon bald zeigten sich daneben ungeahnte Effekte wie beispielsweise höhere Arbeitszufriedenheit und besserer Informationsaustausch. Das Unternehmen Motorola gibt an, seine Konfliktkosten um 80 Prozent gesenkt zu haben[25].

Seit gut 10 Jahren ist Mediation fester Bestandteil des Beratungsangebotes für Organisationen geworden, was vermutlich mit der rasanten Veränderungsdynamik in diesem Bereich zusammenhängt. Durch Maßnahmen wie Restrukturierung, Fusion oder Outcorsing sind ganze Formationen ins Wanken geraten. Konflikte auf vielen Ebenen waren die Folge, sowohl bei den Mitarbeitern wie im Management. Bald zeigte sich, dass diese Maßnahmen als Einsparung gedacht, die andere Seite der Medaille zeigten: Mitarbeiter waren verunsichert, demotiviert und das Arbeitsklima in vielen Bereichen kippte. Dies war der Boden, auf dem die Nachfrage nach schneller und effizienter Abhilfe gedeihen konnte. Die Mediation bot sich als passendes Verfahren an. Es fügte sich nahtlos in den mainstream "schnell, effizient, preiswert" ein.

In der Fachwelt stoßen wir auf zwei Begriffe: *Wirtschaftsmediation*[26], die sich sowohl auf die Konfliktregelung zwischen als auch innerhalb von Unternehmen bezieht und den Begriff, den ich bevorzuge: *Organi-*

sationsmediation[27]. Letztere nimmt eine Eingrenzung auf Konflikte innerhalb eines Unternehmens vor. Nach meinen Erfahrungen finden hier die meisten Mediationen statt und es sind auch die, die von Supervisoren und Organisationsberatern in ihre Verfahren integriert werden. Wenn ich einer Arztpraxis oder einem Sozialverein Wirtschaftsmediation anbiete, würde er sich vermutlich irritiert abwenden. Den Begriff der Wirtschaftsmediation halte ich für Konfliktlösungen zwischen Unternehmen und evt. noch für große Wirtschaftsbetriebe und Konzerne für angemessen. Aber wie gesagt, hier haben sich die Fachleute bisher nicht einigen können.

Institutionalisierung

In Deutschland gibt es zwei Verbände, die Wirtschafts- und Organisationsmediatoren nach einer 200-stündigen Ausbildung zertifizieren: den "Bundesverband Mediation in Wirtschaft und Arbeitswelt e.V. (BMWA)" und den "Bundesverband Mediation e.V. (BM)[28]". Beide Verbände erkennen ihre Abschlüsse gegenseitig an, ebenso die Abschlüsse des "Schweizer Dachverband Mediation (SDM-FSM)". Die Situation in Österreich ist etwas anders, da es hier seit 2004 das erste Mediationsgesetz in Europa gibt, es regelt insbesondere das Zeugnisverweigerungsrecht für Mediatoren und hemmt Fristen bei laufenden gerichtlichen Verfahren. "Anerkannte Mediatoren" sind beim Bundesjustizministerium eingetragen und müssen eine Ausbildung von 365 Stunden nachweisen. Auch in Deutschland sind Bestrebungen im Gange ein vergleichbares Gesetz auf den Weg zu bringen, was aus meiner Sicht eine höhere Akzeptanz bedeuten würde.

Eine offene Frage scheint mir die Frage nach dem Stellenwert der Mediation im Gefüge der Beratungsverfahren zu sein. Wir kennen die Diskussion aus den Anfangszeiten der Etablierung der Supervision, die um das Thema >Beruf oder Profession?< kreiste und Rückwirkungen auf das Selbstverständnis des Verbandes hatte. Versteht er sich als Berufs- oder Fachverband oder Beides. Die Frage stellt sich ebenfalls für das relativ junge Mediationsverfahren und seine Verbände.

Wir können heute sicher davon ausgehen, dass es nur sehr vereinzelt ausgebildete Mediatoren gibt, die ausschließlich – oder überwiegend – von ihrer Mediationstätigkeit leben können.[29] In Österreich gibt es beispielsweise einige Tausend anerkannte Mediatoren, in Deutschland sind es gut Tausend Ausgebildete.

Für alle ist Mediation eine wertvolle Ergänzung zu ihren anderen Tätigkeiten. Ich wage die These, dass zur Zeit Mediation eine wertvolle >Schlüsselqualifikation< in vielen Berufen geworden ist, z.B. für

- Supervisoren
- Organisationsberater
- Führungskräfte
- Projektmanager
- Juristen
- Sozialarbeiter und –pädagogen etc.

Entweder integrieren sie die Mediationstools in ihre Interventionen, d.h. sie arbeiten phasenweise mediatorisch, um dann wieder zu dem ursprünglichen Beratungsverfahren (Supervision, Coaching oder OE) zurückzukehren, oder aber Mediation ergänzt und rundet ihr Beratungsportfolio ab. Durch die Ausbildung zum Mediator verfeinert sich ganz sicherlich die Gesprächsführungskompetenz. Es ist vermutlich sehr schwierig zu erheben, wie das Verhältnis von ‚reiner' Mediation zu ‚integrierter' Mediation innerhalb anderer Beratung verläuft. Ich vermute das Zweite überwiegt.

Supervision

Der geschichtliche Ursprung der Supervision entwickelte sich im Zuge der Professionalisierung der US-amerikanischen Sozialarbeit. Anfangs ging es noch um die Ausbildung von ehrenamtlichen Helfern bei der Zuteilung von Geldern an Hilfsbedürftige. Charakteristisch war der Kontrollaspekt nach dem Motto: "Bekommen auch wirklich nur die Anspruchsberechtigten ihre Leistungen." Im Zuge der Ausbildung von Sozialarbeitern wurde Supervision seit ca. 1920 fester Bestandteil als Praxisbegleitung junger Sozialarbeiter. Zur selben Zeit (1918) führte die Psychoanalyse Kontrollsitzungen ihrer Ausbildungskandidaten als verbindlich ein. Auch hier ging es darum, dass ein erfahrener Kollege einen jungen Kollegen in die Methode einführte. Dieses Meister-Schüler-Verhältnis hat sich inzwischen in allen Therapieausbildungen bewährt.

Diese Supervisionsintention habe ich *Ausbildungssupervision* genannt. Die Unterscheidung in Supervisionsintentionen hat ganz praktische Auswirkungen, wie sich bei den Standards des *Bundesverbandes Mediation* zeigt. Hier hat sich nämlich genau an dieser Stelle ein Missverständnis von Supervision eingeschlichen. Im Bemühen mit anderen Beratungsverfahren zu kooperieren, haben sie in ihren Ausbildungsstandards Supervision verankert. Sicherlich eine richtige Entscheidung, um das Erlernen der Methode durch einen Fachmann zu begleiten. Als Supervisoren haben sie aber nicht gestandene alte Mediationshäsinnen und –hasen ausgesucht, sondern Supervisoren, die einige Fortbildungsmodule in Mediation absolviert haben. Umgekehrt wäre ein Schuh daraus geworden: erfahrene Mediatioren oder Mediatorinnen, die sich in Supervision fortgebildet haben.

Die andere Richtung habe ich als *Fortbildungssupervision*[30] bezeichnet. Letztere hat ihre Wurzeln in der sogenannten *Balintarbeit*, benannt nach ihren Begründer Michael Balint, einem ungarischen Arzt und Psychoanalytiker. Er versammelte Hausärzte um sich, um mit ihnen im geschützten Rahmen über ihre Patienten zu sprechen. Später arbeitete er auch mit Eheberatern und ausgebildeten Sozialarbeitern.

Kennzeichen dieser Arbeit war, dass die Teilnehmer ausgebildet waren und im Beruf standen. Ziel war nicht die Ausbildung, sondern die Verbesserung ihrer Praxis durch die Reflexion in einer Gruppe.

Ausbildungssupervision	**Berufsbezogene (Fortbildungs-) Supervision**
Meister-Schüler-Verhältnis	ausgebildete Kollegen unter Leitung
Erlernen einer therapeutischen Methode	Verbesserung der Berufsarbeit
Kontrollaspekte	Selbstreflexion

Im Zuge des sogenannten Therapiebooms in den 70er Jahren kam es immer wieder zu Sprachverwirrungen aufgrund dieser zwei Supervisionstraditionen. Da gab es die ersten ausgebildeten Supervisoren mit dem Fokus "Der Mitarbeiter und sein Team im Kontext der Organisation" und da gab es die Therapeuten, die in ihren Ausbildungen zum Erlernen der Methode auch Supervision erhalten hatten. Vielfach verführte sie dies dazu, auch Supervision für berufliche Arbeit anzubieten. Oftmals mit dem dramatischen Resultat, dass die angesprochenen Konflikte einseitig durch die Beziehungsbrille gesehen wurden. Das war insofern verständlich, da Therapeuten Spezialisten für Beziehungsdynamiken sind und in der Regel in der Einzelarbeit ausgebildet. Der nötige Blick für Kontextdynamiken fehlte ihnen so fast zwangsläufig, was vielfach für Frustrationen bei den Mitarbeitern führte und insgesamt zu starken Vorbehalten gegen Supervision ("Da muss man die Hose runterlassen").

Fortbildungssupervision

Doch auch der Weg zu einem verankerten Verständnis von Supervision in beruflichen und organisatorischen Kontexten war nicht weniger steinig. Die niederländischen Kollegen konnten auf eine ungebrochene Tradition bauen, ihre Wurzeln waren durch den Nationalsozialismus nicht verschüttet. So kamen die ersten Supervisionsausbilder von dort und unterrichteten in Deutschland an den Akademien der großen Wohlfahrtsverbände ihr Supervisionsverständnis. Supervision verstanden sie als Agogik, d.h. als Lernen im Sinne der traditionellen Praxisanleitung mit Empfehlungen und methodischen Hinweisen. So wundert es nicht, wenn die ersten Supervisionsausbildungen für Sozialarbeiter gedacht waren, die sich durch eine Zusatzausbildung für eine Leitungsstelle qualifizieren wollten. Im Anerkennungsjahr nach meinem Sozialarbeiterstudium habe ich selbst erleben können, wie diese Qualifikation sich als stumpf erwies, sobald der in Supervision ausgebildete Kollege zum Gruppenleiter aufstieg. Nun fand er niemanden, der sich von ihm supervidieren lassen wollte, zu groß waren die Befürchtungen sich hier mit all seinen (vermeintlichen) Fehlern zu offenbaren, schließlich musste der Gruppenleiter auch die Beurteilungen verfassen, die über den weiteren Berufsweg miteinscheidend waren.

Für Österreich stellte sich die Situation aus meiner Sicht etwas anders dar. Hier gab es an der Universität Salzburg schon 1981 eine Ausbildung in Supervision und schon 20 Jahre zuvor ein Gesetz, das Supervision in der Bewährungshilfe verbindlich vorschrieb. Die lange psychoanalytisch-pädagogische Tradition (Aichhorn, Bernfeld, Redl, Anna Freud) seit den 20er Jahren war auch nach dem Nationalsozialismus noch teilweise lebendig und fand besonders in der Arbeit mit sogenannten Randständigen ihren Niederschlag. Und so auch in der Supervision. Ich selbst habe meine Ausbildung Ende der 70er Jahre bei einem Lehrsupervisor aus Wien gemacht, der in Salzburg lehrte und in der Bewährungshilfe als Supervisor tätig war.

Doch unser Blickwinkel war eingeschränkt. Wir wagten uns mutig auf das Feld der Teamsupervision vor, zu einer Zeit als es diesen Begriff in der Literatur noch gar nicht gab. Wir konnten die Teams noch nicht als Subsysteme in Abhängigkeit der Organisation sehen, sondern behandelten sie gruppenanalytisch.[31] Wir konnten und wollten die Teams auch nicht in Abhängigkeit zur Organisation sehen. Im Gegenteil wir hatten unsere Erfolgserlebnisse, wenn es uns gelang, die Mitarbeiterinnen und Mitarbeiter in ihren Auseinandersetzungen mit ihren Leitungen zu stärken. Wir waren emotional und politisch verwurzelt in den Idealen des Aufbegehrens. Den "Muff unter den Talaren" suchten und fanden wir auch in den Institutionen, aus denen wir uns selbst weitestgehend frustriert verabschiedet hatten.

Es war die Zeit der verkrusteten Hierarchien - die es heute natürlich auch noch zu Hauf gibt! - und das politische Motto hieß: Stärkung der Mitarbeiter gegen ihre Unterdrücker. Gerade der Heimbereich, der meine sozialarbeiterisch-psychologische und supervisorische Heimat war, galt zu jener Zeit der Heimkampagne Ende der 60er Anfang der 70er Jahre als Ort revolutionären Umsturzes. Heute mag man darüber lächeln, aber seinerzeit sahen viele in den sogenannten Randgruppen die Subjekte (oder besser: die Objekte) der politischen Veränderung. Die Obdachlosen und Heimjugendlichen waren es, die im Sinne Marx außer ihren Ketten nichts mehr zu verlieren hatten. Es waren nicht nur die als politische Spinner Diffamierten wie Ulrike Meinhof („Bambule“), sondern auch so anerkannte Psychoanalytiker wie Horst-Eberhard Richter, der sich in seinem Bestseller „Die Gruppe“ mit diesem Klientel beschäftigte. Von Subversion[32] haben wir damals nicht offen gesprochen, aber wir hatten so etwas im Hinterkopf. Es war der missglückte Versuch, unsere eigenen unbewältigten Autoritätsmacken über die Supervisanden zu heilen. So wie wir uns von unseren Kriegseltern missbraucht fühlten und durch die Zucht-und-Ordnung-Ideale der Adenauer-Ära eingeengt, wollten wir jetzt auf diesem Wege unsere Supervisanden befreien und meinten im Grunde uns selbst.[33]

Der Weg zum Dreieckskontrakt, wie es so schön in den Standards der Berufsverbände heißt, war ein langer – und wenn wir uns die Berichte von Supervisoren anschauen, ist er noch nicht zu Ende.[34] In Kapitel V werde ich auf den Dreieckskontakt ausführlich eingehen und zeigen, dass er zu den Standards sowohl der Mediation als auch der Supervision gehören sollte.

Erst durch die gelungene Professionalisierung von Supervisoren, d.h. durch Ausbildung und die Gründung eines Berufsverbandes, war eine Hinwendung zum kontextuellen Grundverständnis möglich und damit eine klare Definition als Fortbildungssupervision. In den 80er Jahren hat sich im Supervisionsverständnis ein radikaler Paradigmenwechsel vollzogen. Entscheidend war die Betonung des Institutionellen für jede Form beruflicher Arbeit. Diese hatte 1974 in Kassel im neuen Studiengang Supervision eine Heimat gefunden und war für mich eine Quelle der Inspiration. Die herkömmlichen Konzepte wurden radikal in Frage gestellt.

Drei Dinge markierten m.E. den Paradigmenwechsel:

1. *Das Institutionelle*: Soziale Arbeit findet in Institutionen statt, was die Helfer-Klient-Beziehung direkt beeinflusst und von daher mitreflektiert werden muss.
2. *Der Teambezug*: Arbeit in Institutionen findet nicht isoliert statt, sondern in Teams und Arbeitsgruppen – die Teamsupervision war geboren!
3. *Die Machtfrage*: Der Vorgesetzte als Supervisor ist damit abgewählt. Das wahre Gold der Supervision war fortan der externe Supervisor!

Mit der Hinwendung zur Teamsupervision war die Tür geöffnet, sich mit den verdrängten Themen wie Macht, Autorität und Organisationsabhängigkeit beschäftigen zu müssen. Es gab kein Zurück.

Der systemische Gedanke, der zu dieser Zeit in die Familientherapie einzog, hat sicherlich das Seinige für die Erweiterung unseres Blickes beigetragen.

Da Supervision seine Kunden schon lange nicht mehr ausschließlich im Non-Profit-Bereich findet, sondern auch in Wirtschaft, Verwaltung, Handwerk und bei Selbstständigen, hat sich hier oftmals der schwammige Begriff *Coaching* durchgesetzt.

Zusammenfassend können wir festhalten:

- ❑ Supervision wird durch einen darin ausgebildeten Experten geleitet.
- ❑ Im Fokus steht die Arbeitsaufgabe des Einzelnen, des Teams und der Gesamtorganisation, die es zu verbessern und abzustimmen gilt.

Um diese Öffnung zum organisationellen Verständnis hervorzuheben hat Angela Gotthardt-Lorenz den Begriff der *Organisationssupervision* eingeführt. Er scheint mir für mein Anliegen, Supervision und Organisationsmediation in Beziehung zu setzen hilfreich, da hier das Gesamtsystem, wie es für jede Beratung in Organisationen – gleich welcher Couleur – konstituierend ist. Wenn ich im folgenden vereinfachend von Supervision spreche, meine ich immer diese Form.

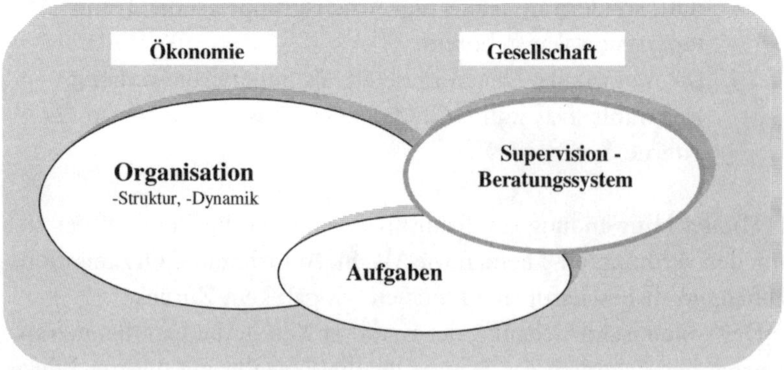

Abb. 5: Grundstruktur der Organisationssupervision (Gotthardt-Lorenz 2009, S. 150)

Institutionalisierung

In Deutschland wurde 1989 die “Deutsche Gesellschaft für Supervision e.V. (DGSv)” gegründet, die inzwischen über 3.700 zertifizierte Mitglieder hat. Im Jahre 1976 wurde in der Schweiz der “Berufsverband für Supervision und Praxisberatung (BSP)” gegründet, der sich später in “Berufsverband für Supervision, Organisationsberatung und Coaching (BSO)” umbenannte, um dem Organisationellen auch im Namen Ausdruck zu verleihen. In Österreich wurde die “Österreichische Vereinigung Supervision e.V. (ÖVS)” gegründet. Alle deutschsprachigen Verbände haben sich auf vergleichbare Ausbildungsstandards von 600 Stunden geeinigt und sind in der “Assoziation of National Organisations for Supervision in Europe – ANSE” verbunden, zu der auch die Niederlande und Ungarn gehören.

Kapitel IV

Beratung als Verbindendes?

Zum Beratungsbegriff

Die Frage um die es hier geht lautet: Lassen sich die Beratungsverfahren in einen größeren Kontext stellen? Dies geschieht nicht in der Absicht etwas zu verbinden, was eigentlich getrennt gehört. Wenn ich hier stellvertretend Supervision und Mediation herausgreife, dann immer bezogen auf berufliche Kontexte, wie im nächsten Abschnitt noch genauer auszuführen ist.

Mir scheint sich der – zugegebenermaßen – recht diffuse Begriff der Beratung anzubieten. Dabei ist bekannt, dass sich Supervision und OE explizit als Beratungsverfahren definieren, während die Mediationsvertreter hier sehr zurückhaltend bis ablehnend sind.[35] Vermutlich weil sie fürchten, dass durch den Beratungsbegriff ihr hoher Wert der Neutralität bzw. Allparteilichkeit Schaden nimmt mit dem bekannten Argument, dass alle Ratschläge auch "Schläge" sind. Dazu an anderer Stelle mehr. Vielleicht spielt aber auch Angst oder Unkenntnis eine Rolle, sich mit verwandten Beratungsverfahren in Beziehung zu setzen. Wie zu zeigen sein wird, findet auch in der Mediation mehr Beratung statt, als bisher als solche ausgewiesen.

Um den Beratungsbegriff zu entzaubern, sollten wir uns die Mühe machen, der Bedeutung auf den Grund zu gehen. Einen Hinweis auf die Etymologie von Beratung findet sich bei Bausch: "Die Herkunft des Wortes 'Rat' führt zu einer indogermanischen Wurzel, die das Stapeln, Zurechtlegen und Zusammenfügen von Bauklötzen meint. ... Das

Wort ‘Rat’ meint letztlich die Mittel, die zum Lebensunterhalt notwendig sind. In diesem Sinn kommt es vor in: Un-rat, Vor-rat, Hausrat, Ge-rät und Heirat. Beraten meint also, die notwendigen Mittel beschaffen.” (S. 18)

D.h., dass Beratung im ursprünglichen Sinn intransitiv ist. Es gibt noch keine Spaltung in Subjekt und Objekt, in Berater und Ratsuchenden, in aktiv und passiv, in gebend und nehmend, man geht mit sich zu Rate oder berät sich gemeinsam.

Vermutlich durch die späte Einführung der Vorsilbe “be-“ wird eine Richtung vorgegeben und die Einwirkung auf eine Sache oder Person definiert, z.B. be-leuchten, be-kämpfen, be-zeichnen. Und damit erhält der ursprüngliche Wortsinn transitiven Charakter und vollzieht somit eine Spaltung in Experte und Klient.

intransitiv	**transitiv**
raten	jemandem raten
mit sich zu Rate gehen	einen Rat geben
etwas gemeinsam beraten	einen Ratschlag geben
etwas beratschlagen	jemanden beraten

Das könnte eine Erklärung sein, warum gerade die Mediatoren vor dem Beratungsbegriff zurückschrecken. Aber dabei wollen wir es nicht belassen.

Bernhard Pesendorf hat sich jüngst dem Thema Rat und >be-raten< ebenfalls etymologisch genähert. Dabei filtert er zehn Bedeutungserklärungen des Wortes Rat aus Wörterbüchern heraus.

	▶ **vom physischen überleben** ▶ **zum gemeinsamen guten leben**
▲ **einseitige Abhängigkeit** ▲ **gegenseitige Abhängigkeit**	*10.* ***raten*** *von lat. reor rèri, ratio: rechnen, meinen, dafürhalten, vermuten* *9.* ***rat als ratsversammlung****, das gemeine wohl beratende, amtliche versammlung der dazu berufenen, rats pflegen, zu rate gehen, beratschlagen mit anderen und mit sich selbst* *8.* ***rat wissen*** *– auf wichtige, lebensentscheidende fragen oder rätsel (z. b. die zukunft betreffend - divinare futura) antworten haben* *7.* ***rat als ergebnis: ratschluss****, beschluss, wille, plan, vorsatz gottes/des gerichts (zwischen überlegung und tat) / raten: zum schluss kommen* *6.* ***rat als fähigkeit der überlegung und bedachtsamkeit****, ein gutes urteil zu haben (mit/ohne rat = mit/ohne bedacht)* *5.* ***rat als fürsorgliche erwägung*** *alles dessen, als* ***anweisung*** *und* ***belehrung*** *der geschlechtsgenossen durch das geschlechtsoberhaupt – durch vorschläge und ratschläge* *4.* ***rat als überlegtes eingreifen****: schutz, hilfe, vorsorge, förderung* *3.* ***rat als gerät****, hausrat (vgl. unrat), hei(m)rat = hausbesorgung, beschaffung, fürsorge, vorteil, macht* *2. insbesondere leibliche fürsorge, nahrung, kleidung und leibliches leben – erweitert* ***rat als vor-rat:*** *der nutzen und* ***gewinn aus sammeln und sparen****; vorhandene mittel, vorrat an lebensmitteln* *1.* ***rat als gesamtbegriff für alles****, was ein geschlechtsoberhaupt an leiblicher fürsorge, nahrung und schutz den von ihm abhängigen geschlechtsgenossen schuldet.*

Abb. 6: Zur inneren Logik der Etymologie von Rat und Beraten (Pesendorfer 2006, S. 23)

Eine hilfreiche Differenzierung findet sich im >Handbuch der Beratung< von Engel, Nestmann & Sickendiek: Sie schlagen eine "Doppelverortung von Beratung" vor, und zwar gehen sie davon aus, dass alle in der Beratungsbranche Tätigen über *feldunabhängige Beratungskompetenzen* verfügen müssen. Es scheint sowohl in der Supervisions- als auch Mediationsszene unbestritten, dass zu diesen Kompetenzen gehört:

- wie man eine konstruktive Arbeits- und Vertrauensbeziehung aufbaut
- wann und mit welchen Konsequenzen man etwas anspricht
- wie man mit Konflikten und Widerständen umgeht
- auf welchem Wege Veränderungen initiiert und evaluiert werden
- wie kulturelle Vielfalt und Pluralität berücksichtigt werden
- welche sozialen Kontexte in welcher Form zu integrieren sind.

Damit gehören die feldunabhängigen Beratungskompetenzen ganz sicherlich zu den Schlüsselqualifikationen.

Das zweite Bein der Doppelverortung sehen die Autoren im *handlungsfeldspezifischen Wissen*, also in unserem Falle dem von Supervision und Mediation.

(1) Beratungs- und Interaktionswissen
Kommunikationsmodelle, Handlungsmodelle, Veränderungsmodelle, Kontextmodelle, Prozessmodelle, Beratungsmethodologie, Beratungsmethoden etc.

---

(2) Handlungsfeldspezifisches Wissen
Faktenwissen zur jeweiligen Problemlage, Kausalmodelle, Interventionsformen, gesetzliche Grundlagen etc.

Abb. 7: Doppelverortung von Beratung
(Engel, Nestmann, Siekendiek 2004, S. 35)

Der bekannte amerikanische Berater Ed Schein schlägt eine, wie ich finde, klärende Differenzierung entsprechend dem Selbstverständnis des Beraters vor. Er unterscheidet Gutachtenberatung, Fachexpertenberatung und Prozessberatung (s. Abb. 8).

- **Gutachtenberatung**

Ausschlaggebend ist hier, dass der Kunde weiß, was das Problem ist und welche Lösung benötigt wird. Daraus ergibt sich die Aufgabe des Beraters, die notwendigen Informationen zu beschaffen und entsprechende Lösungen zu erarbeiten. In Deutschland sind die großen Unternehmensberaterfirmen Roland Berger und Mc Kinsey bekannt. Die Folgen dieses Vorgehens sind oft Mitarbeiterfrustration und massiver Umsetzungswiderstand, weil sie in den Prozess nicht einbezogen sind.

- **Fachexpertenberatung**

Bezeichnend für diese Beratung ist, dass die Ratsuchenden zwar ein Problemempfinden haben, die Lösung aber nicht kennen. Auf die Arzt-Patienten-Metapher wird zurückgegriffen, um die Beziehung zwischen den Beteiligten zu verdeutlichen: Der Patient verspürt die Schmerzen und wendet sich damit an seinen Arzt. Dieser nimmt die Schmerzsymptome als Anlass für eine Untersuchung (Diagnose) und schließt so auf mögliche Ursachen. Der Arzt verordnet seinem Patienten ein spezielles Heilverfahren, dass oftmals auf standardisierte Therapien zurückgreift.

- **Prozessberatung**

Bezeichnend für dieses Ansatz ist, dass es nicht um die Vorgabe einer Problemlösung geht, sondern um die Entwicklung einer Problemlösefähigkeit im ratsuchenden System. Der Berater hat lediglich eine unterstützende Funktion bei der Bestimmung und Lösung der Probleme der Ratsuchenden. Der Berater initiiert Lernprozesse.[36] Deshalb ist dieses Modell auch unter dem Label "Lernende Organisation" bekannt geworden.

Expertenberatung	Arzt-Patient-Modell	Prozessberatung
Der Kunde weiß • was das Problem ist, • welche Lösung benötigt wird, • woher die Lösung kommen kann.	Der Kunde • spürt die Probleme, die Ursachen und Lösungswege sind ihm unbekannt • Der Berater übernimmt die Verantwortung für die richtige Diagnose (Problemerfassung) und die angemessene Lösung	Der Kunde • hat das Problem • behält die volle Verantwortung während des gesamten Beratungsprozesses
Der Experte (Berater) beschafft die nötigen Informationen und erarbeitet die Lösungen	Der Kunde vertraut dem Berater und ist abhängig vom Beratungsprozess bis zur Lösungsfindung	Der Berater hilft dem Kunden, die prozesshaften Ereignisse wahrzunehmen, richtig zu interpretieren und zu verstehen und angemessen zu handeln
Keine Partizipation	**Nur bedingte Partizipation**	**Partizipationsmodell**
Kein Einbezug der Mitarbeiter: Großer Widerstand - Demotivation		Einbezug aller Beteiligter: Veränderungswiderstand kann prozesshaft aufgegeben werden: Kennzeichen „Lernende Organisation“

Abb. 8: Beratungsmodelle nach Ed. Schein

Supervision und Mediation gehören nach dieser kurzen Definition eindeutig zu den *Prozessberatungsmethoden*. Denn ausschlaggebend für dieses Verfahren ist, dass die Verantwortung für das Problem und deren Lösung vornehmlich in den Händen der Klienten liegt. Die Berater sind für den Prozess und das Verfahren verantwortlich.

Begleiten vs. Instruieren

Der neuralgische Punkt, an dem sich die Geister scheiden bzw. ins Streiten kommen, macht sich vermutlich an dem Verhältnis von Begleiten und Instruieren fest. Auch die Geschichte der Supervision war lange Zeit auf reine Selbstreflexion durch maximale inhaltliche Abstinenz des Supervisors gekennzeichnet. Inzwischen besteht relative Einigkeit in der Community, dass Instruktionen, also fachliche Beiträge des Beraters, an bestimmten Stellen durchaus hilfreich sein können, z.B. im Anschluss an die Klärung einer reflektierten Situation. Dann ist der Boden bereitet, dass ein Ratschlag kein Schlag ist, sondern eine hilfreiche ergänzende Erklärung zum Verständnis des Besprochenen. In der Phase der Abhängigkeit von therapeutischen Konzepten wurde das Abstinenzverständnis oftmals überzogen und mit totaler Zurückhaltung des Supervisors missverstanden. Abstinenz im wohlverstandenen Sinne heißt meiner Meinung nach nichts anderes als: Der Berater macht sich nicht selbst zum Thema. Der Grad ist zugegebenermaßen ein schmaler: Von seinen eigenen Erfahrungen in bestimmten Situationen zu berichten kann entlastend sein, es kann aber auch den Spieß umdrehen, wenn das Berichtete vom Berater nicht ausreichend bearbeitet ist und bei den Ratsuchenden so viel Betroffenheit auslöst, dass sie beginnen, sich mit dem Berater zu beschäftigen. Das gilt sowohl für die Supervision als auch für die Mediation. Ziel ist in jedem Falle die reflexive Kompetenz des Klientels sicherzustellen bzw. zu erhöhen, damit selbstbestimmte Lösungen möglich sind.

Ein weiterer neuralgischer Punkt ist die Frage nach der Bedeutung der Berater-Interventionen. Das Modell von Schein könnte suggerieren, dass der Berater den Kunden in erster Linie begleitet, ihm dabei hilft, besser wahrzunehmen und entsprechend adäquat zu handeln. Wir sehen, das sind sehr schwammige Begriffe, die eher anzeigen, dass wir uns als Berater vor dem Bewusstmachen zu drücken scheinen, wie stark wir in die ratsuchenden Organisationen eingreifen - und auch eingreifen wollen und sollen. Unser Handwerkszeug besteht einzig und allein aus Interventionen: lateinisch intervenire = dazwischentreten, sich einschalten. Unsere Interventionen sind immer getragen von persönlichen Werthaltungen, individuellen Lebensläufen, Ausbildungskontexten usw.

Unsere Berater-Interventionen werden vermutlich immer begleitet von der Hoffnung, dass durch unser "sich einschalten, das dazwischen treten" etwas Positives für die Organisation erreicht wird. Und nicht nur das, es gibt auch die unausgesprochene Idee, dass die gute oder richtige Intervention etwas Planbares, Voraussehbares bewirkt. Doch schon vor 20 Jahren hat uns der Systemiker Helmut Willke diesen Zahn gezogen, wenn er schreibt, dass Organisationen "in der Regel unerwartet, konter-intuitiv, nicht vorhersehbar und nicht determinierbar" reagieren und damit "den Intervenierenden vor die schwierige Frage der adäquaten Strategie der Beeinflussung eines eigendynamischen Systems" stellt. Und selbstredend geht es bei allen berufsbezogenen Beratungen um Beeinflussung, wohlwollend formuliert im besten Sinne der Ratsuchenden, und zwar im wesentlichen durch Fragen oder dem szenischen Aufbereiten von Bedeutungszusammenhängen, um Entscheidungsoptionen zu generieren und weniger um Fachberatung.[37]

Nichtsdestotrotz müssen Berater Kenntnisse über das Wesen und die Prozesse der Organisation besitzen, um nicht in die Rolle von heimlichen Ersatzmanagern zu rutschen. So plädiert Willke dafür, dass "eine systemisch orientierte Beratung die übliche Trennung zwischen inhaltlicher Beratung und Prozessberatung (...) überwinden muss, wenn sie die in diese Trennung systematisch eingebauten Blindheiten für die andere Seite überwinden will." (S. 205)[38] Ferner begründet er die Berechtigung als Berater in eine Organisation einzudringen damit, "dass sie etwas anderes sehen (beobachten) als die Organisation und ihre Verantwortlichen. ... Beratende Intervention ist der Versuch, die Differenzen und Divergenzen der Sichtweisen und Weltsichten produktiv zu nutzen, um mehr über sich selbst, die eigenen Schwächen und Stärken zu erfahren, um so mit Möglichkeiten (möglichen Welten, möglichen Identitäten, möglichen Strategien) zu spielen, auch wenn das Spiel sehr ernst ist und es um einen hohen Einsatz geht."

Diese Sichtweise klammert den ökonomischen Aspekt, der alle Organisationen und damit ihre Subsysteme dominiert, aus. Das schränkt die Möglichkeit zur Beobachtung, die Zeit und Raum voraussetzt, erheblich ein. Dazu schreibt Peter Heintel treffend: "Die Zeit zum Nachdenken und Gestalten wird immer geringer, Beschleunigungsprozesse erzeugen Druck und Stress und verhindern abgewogen-überlegte Entscheidungen." Und nicht nur das, seine kritischen Überlegungen gehen weiter. Die "systemtheoretischen Modellvorstellungen klassischer Prägung" sind allzu schnell bereit, "vorliegende Systemgrenzen zu akzeptieren, weil es nur innerhalb derselben organisatorische Ansatzpunkte für Interventionen gibt. (...) So ergibt sich folgende, anscheinend aussichtslose Situation: Systeme als Ganzes, in ihren Fundamenten, Eigenlogiken, in ihrem *Sinn*, können zwar reflektiert werden, die Reflexion selbst aber ist außerhalb angesiedelt, hat selbst keinen Platz *im* System." (2009, S. 35f)

Und genau diese – offenen oder verdeckten – Sinnfragen sind es, mit denen wir als Berater konfrontiert werden, da hinter den Systemzusammenhängen plötzlich konkrete Menschen mit ihren Ängsten und Bedürfnisse auftauchen. Sie berühren uns, wenn sie berichten, dass ihre Zeitverträge nicht verlängert werden, ihre Fallzahlen steigen oder ihr gut funktionierendes Team auseinandergerissen und einer anderen Abteilung zugeordnet wird. Verständlich wird das obige Zitat von Heintel jetzt besser, wenn er sagt, für diese Sinnfragen gibt es im System keinen Raum. Wir können den kapitalistischen Überbau nur achselzuckend zur Kenntnis nehmen, müssen "Widerspruchsarbeit"[39] leisten, um als Berater nicht selbst depressiv wegzuschwimmen oder zynisch zu werden. D.h. die Beteiligten in ihrer Wut und Trauer zu begleiten, zu versuchen, ihnen das Gefühl zu vermitteln, dass sie nicht schuld an den Systemverwerfungen sind, und gleichzeitig nach Wegen der Bewältigung zu suchen. Das fordert den Supervisor stärker als den Mediator, der den Fokus auf Konfliktvermittlung legt und damit eine Begrenzung vornimmt, die diesem Verfahren entspricht. Beide müssen, wie Ross Lazar es nennt, das Nichtverdauliche, Nichtverstehbare "containen", es erst mal wie in einem Mülleimer aufnehmen und ihm dadurch einen Platz geben, damit das Ängstigende nicht vorschnell verdrängt werden muss.

Wie gesagt, die Folgen unser Beraterintervention sind nicht absehbar, im schlimmsten Falle haben wir es mit nichtintendierten Folgen gut gemeinter Absichten zu tun. Die Konstruktivisten sind da konsequent und haben die Hoffnung auf planbare, einschätzbare Interventionen gleich an den theoretischen Nagel gehängt. Auch, wenn in verkürzter Form, gehen sie davon aus, dass Berater von Organisationen nur dann erfolgreich sind, wenn es ihnen gelingt, ihre Abläufe zu stören. Denn hierin liegt ihrer Meinung nach die Chance zum Umdenken, zum Suchen nach neuen und anderen Wegen. Die ratsuchende Organisation muss auf die Störung reagieren, muss handeln, indem sie die Störung ausgleicht. Oder sie wehrt die Störung ab und verfährt in alten Gleisen weiter. Nehmen die Ratsuchenden die Störung an – so die konstruktivistische Theorie – erhöhen sie damit gleichsam ihre Mehrperspektivität und Komplexität. Indem sie neue Spielregeln finden, reduziert sich die Komplexität auf einem anderen Niveau. Auch, wenn ich mich mit dem Konstruktivismus nicht so recht anfreunden kann, so kann ich doch von ihnen die Relativierung von Wahrheit übernehmen, und zwar vor allem bezogen auf die Wirkungsforschung von Beratung. Der Kunde möchte – am liebsten vorab – wissen, was ihm die Beratung bringt. Eine ehrliche Antwort wird kein Berater geben können, schließlich bleibt die Mitwirkung des Ratsuchenden ein Spiel mit vielen Unbekannten.

Aber auch die Forschung interessiert sich für die Sicherung von Beratungsinterventionen. Doch wie können hier halbwegs gesicherte Ergebnisse validiert werden, wenn wir davon ausgehen müssen und können, dass jede Organisation einmalig ist und nicht nur dass, sondern dass auch ihr Anliegen und der Zeitpunkt ihrer Anfrage mit anderen Organisationen kaum zu vergleichen ist? So werden vergleichende quantitative Methoden nur in die Irre führen. Hilfreicher scheinen mir qualitative Ansätze zu sein, die die Besonderheiten der Organisation nicht nivellieren, Vergleichbarkeit aber zwangsläufig einschränken. Eine narzisstische Kränkung für jeden Wissenschaftler.

Interventionsstandards in der Organisationsmediation

Günter Irle hat die spezifischen Mediationsinterventionen in drei Funktionsdimensionen stimmig zusammengefasst (S. 56f), die auch in der Organisationssupervision zum Zuge kommen können:

1. Aufbau und Erhalt eines Arbeitsbündnisses
2. Förderung des Kommunikationsklimas durch
   - Gesprächslenkung (u.a. Starten, Stoppen)
   - Klärungshilfen geben (Spiegeln, Fragen, Aufstellungen)
   - Gefühle der Beteiligten sachbezogen klären
   - Gesichtswahrung ermöglichen
   - Machtgleichgewicht herstellen
   - Beziehung zum Auftraggeber fördern.
3. Unterstützung der Sachbehandlung durch
   - Themen sortieren und das Konflikterleben der Parteien normalisieren
   - Perspektivenübernahme erleichtern
   - die Parteien auf die Sache fokussieren und bei der Stange halten
   - Lösungsalternativen entwickeln lassen (Brainstorming)
   - Entscheidungsfindung unterstützen (Kriterienlisten, Vorteil-Nachteil-Vergleich)
   - Gütekontrolle des Ergebnisses.

Kapitel V

Gemeinsamkeiten: Mediative und supervisorische Kompetenzen

Kompetenz ist, wie für jedes Verfahren, ein Kernthema für Supervision und Mediation, letztlich ist es ein filigranes Gesamtkunstwerk. Frühere Kompetenzdimensionen wurden auf zwei Ebenen diskutiert:

- Subjektkompetenz und
- Beratungskompetenz

Dabei ist die *Subjektkompetenz* sicherlich am schwierigsten zu bestimmen. Sie umfasst nach Nando Belardi "vor allem das Begreifen der eigenen Person als Diagnose und Handlungsinstrument, die Bedeutung des Subjekts für die Produktivität von Arbeitsprozessen." (S. 194) Das klingt reichlich sperrig. Ich denke, es geht dabei insbesondere darum, inwieweit es dem Berater gelingt, seine Rolle als Professioneller zu finden, ohne dabei zu einem bloßen Anwender von Interventionstechniken zu werden. Sprich, es geht um Haltung, Ethik und Persönlichkeitsentwicklung (mit ausreichendem Wissen über die eigene Person). Deshalb finden sich in allen Ausbildungen Selbsterfahrungsanteile, die auch in der beruflichen Praxis einer ständigen Verfeinerung bedürfen.

Um die *Beratungskompetenz* kreisen z.B. Fragen wie: Wie viel Felderfahrung benötigt der Berater, um hilfreich tätig zu werden. Einigkeit scheint sowohl in der Supervisions- als auch Mediationsszene inzwischen dahingehend zu herrschen, dass man sagt, dass Feldkenntnisse nötig sind, während direkte Felderfahrungen dazu einladen können, die nötige Distanz so weit zu verringern, dass der Berater (unbewusst) eigene Felderfahrungen verwirklichen möchte und ihm damit die Anliegen seines Kunden aus dem Blick geraten können. Das ist ja gerade die Krux der internen Berater.

Die Verbindung zwischen *Subjekt- und Beratungskompetenz* wird an der vieldiskutierten Methodenfrage virulent. Ich stehe der Methodenorientierung in den Beratungsverfahren schon lange sehr skeptisch gegenüber. Wolfgang Weigand (2009) spricht gar vom Methodenfetischismus. So weit würde ich nicht gehen, halte aber das Vor-sich-Hertragen einer Methodenflagge - oder besser: eines identitätsstiftenden Schutzschildes - für eine Mogelpackung . (Ich komme darauf zurück.)

Bei genauem Hinsehen geht es nämlich meist um präferierte Interventionsinstrumente, seien diese nun aus dem systemischen, psychodramatischen oder psychoanalytischen Koffer gespeist. Keine Frage: Natürlich impliziert die primäre Hinwendung des Beraters zu einer Methode[40] auch eine persönliche Haltung und Entwicklung und die Entscheidung für oder gegen eine Methode lässt sich vermutlich am ehesten in der biographischen Entwicklung finden. Dies scheint mir die angesprochene Verbindung zu sein. In der Praxis geht es doch in erster Linie darum, dass der Berater entsprechend seiner Persönlichkeit und in Relation zum Auftrag, Interventionen kreativ einsetzt.[41] Das ist das Künstlerische an dieser Arbeit.

Supervision und Mediation bedienen sich durchaus gemeinsamer Tools (Werkzeuge), um den Beratungsprozess zu gestalten. Für Außenstehende ist es deshalb oft schwer einschätzbar, um welches Verfahren es sich überhaupt handelt. Von den verwendeten Tools auf das Verfahren Supervision oder Mediation rückzuschließen ist deshalb so gut wie unmöglich. Im neuen Buch "Supervisions-Tools" von Heidi Neumann-Wirsig findet man für die Behauptung, dass es keine – oder kaum – spezifische Beratungstechniken gibt reichlich Material. Was hier Supervisorinnen und Supervisoren zusammengetragen haben, gehört größtenteils zum Repertoire eines jeden Weiterbilders und Beraters.

Günter Irle bringt es schön auf den Punkt, wenn er konstatiert: "In Theorie und Praxis herrscht ein reger Austausch von Interventionstechniken. Beliebte Tauschobjekte sind die kreativen Techniken wie Systemaufstellungen, Skulpturentechnik, Leerer Stuhl, zirkuläres Fragen, Metaplan und Konfrontationstreffen." Unter diesem Gesichtspunkt können wir die Supervisionstools wohl eher als Versuch sehen, die Marke Supervision im Beratungsangebot besser – professioneller – zu plazieren.

Beratungsverfahren unterliegen wie andere Dienstleistungen und Waren auch den Gesetzen des Marktes. Sie müssen ihre Abnehmer finden und werden dabei von entsprechenden Fachverbänden unterstützt, die für ihre Mitglieder mehr oder weniger lautstark, geschickt oder plump das Marketing betreiben und durch verstärkte Lobbyarbeit in Gremien für ihre Angebote werben. Und die zahlenden Mitglieder erhoffen sich von ihrer Verbandszugehörigkeit einen entsprechenden Mehrwert, oder nach einem bekannten Kanzlerwort: Es zählt, was hinten rauskommt.

Zur besseren Marktpräsenz und zur Profilierung gehört, dass ihre Protagonisten die Produktpaletten ständig ausweiten, um möglichst eine breite Interessentenschaft anzusprechen und im Gespräch zu bleiben. Im Ergebnis gibt es dann 40 Joghurtsorten, die sich nur zum Teil unterscheiden. Auf diese Zahl werden es die einzelnen Beratungsverfahren noch nicht gebracht haben, in der Summe werden sie dem Joghurtangebot vermutlich sehr nahe kommen, wenn sie es nicht sogar überbieten.

Um zu verhindern, dass das eine Verfahren sich über das andere stellt und um die höhere Anerkennung (und Nachfrage) buhlt, scheint es mir hilfreicher zu sein, die jeweiligen Kompetenzen von Mediation und Supervision zu unterstreichen. Das klingt einfacher, als es sich für mich dargestellt hat. Eigentlich sollte dies für mich als Ausbilder von Supervisoren und Mediatoren doch ein Leichtes sein.

Der Grund dürfte darin liegen, dass es nicht um das Aufzählen von Methoden, Instrumenten und Verfahren geht, die in erster Linie die Kompetenzen von Prozessberatern markieren, sondern um die sogenannten softskills, also die Haltung, die Fähigkeit, Kommunikation aufzubauen und zu halten, Konflikt- und Spannungstoleranz, um nur einige zu nennen. Wenn wir uns die Flyer und die websites von Beratern anschauen fällt auf, dass hier in erster Linie Methoden aufgezählt werden, die die KollegInnen zum Einsatz bringen können und unter Umständen noch ihre Felderfahrungen. Aber sagt das wirklich etwas über die Beratungskompetenz aus? Oder geht es den Kollegen wie mir, dass die weichen Daten so schwer zu fassen sind und vielleicht von den potenziellen Auftraggebern auch nicht verstanden werden können, vielleicht sogar zu Missverständnissen und Abwehr einladen? Für eine erste Verständigung scheinen Etiketten wie „systemisch" oder „ressourcen- und lösungsorientiert" der vielversprechendste Türöffner zu sein.

Nichtsdestotrotz werde ich mich auf den Weg machen und versuchen, die gemeinsamen und die speziellen Kompetenzen von Supervision und Mediation herauszufiltern und bitte gleichzeitig um Verständnis für die Unzulänglichkeit meines Unternehmens.

Zur Berater-Haltung oder: Der Umgang mit Unsicherheit

Veränderungen sind das tägliche Brot in Organisationen und ständige Verunsicherung und Mobilisierung von Angst die Folge. Dies war für mich das interessante Ergebnis einer Studie, die ich schon vor 20 Jahren anhand einer Teamberatung machen konnte. Ich kam zu der Erkenntnis, dass über Strukturen Angst gebunden wird (vgl. Pühl 1988/2008). Wenn wir uns jetzt die Beraterseite anschauen, verstehen wir, dass Berater selbst in ihrem Kontakt mit ihren Auftraggebern mit dieser Angst konfrontiert werden. Dies erfahren wir als Berater nur selten in der offenen Form, eher in der Befürchtung der Auftraggeber, ob wir ausreichend kompetent sind, die gewünschten Ziele zu erreichen. Aber welche Ziele sind es, sind sie konkret fassbar oder eher Wunschvorstellungen nach dem Motto: "Es soll besser, effizienter werden!" Der Berater nimmt an sich die Versagensangst wahr und hofft, vielleicht über seine Methodenkompetenz Sicherheit zu erlangen. Nicht immer wissend, dass er sich dabei wie ein Ertrinkender an einen Rettungsring klammert, in der Hoffung, dass er ihn sicher über Wasser hält.

Eine klare Abgrenzung von Methoden, Verfahren und Interventionen gibt es nur in der Theorie. In der Praxis erweisen sich immer die Kolleginnen und Kollegen als die am besten gewappneten, die wie ein Künstler verschiedene Farben und Formen kombinieren und mischen können. Die reine Lehre gibt es eben nur in der Lehre, die Praxis spielt immer ihre eigene Melodie, hat ihren eigenen Rhythmus. Das Kunstwerk Beratung besteht niemals aus nur einem Material. Zu unterschiedlich und wechselhaft sind die Anforderungen unserer Beratungskunden. Dies ist zum einen unserer beschleunigten, globalisierten Welt mit ihrer Tendenz zur Entgrenzung[42] zu ‚verdanken'. Orientierung an natürlichen Abläufen ist uns abhanden gekommen. Den Rhythmus der Jahreszeiten mit der relativen Gewissheit, dass der Sommer warme Temperaturen verspricht und der Frühling uns mit dem Wachstum der Bäume, Sträucher und Blumen erfreut, finden wir in Organisationsabläufen nicht. Zum anderen führen nie alle gesteckten Ziele auf einem geraden Weg zum Ziel, das zu beschreitende Gelände ist noch unbekannt und erfordert von den Organisationsverantwortlichen ständiges Nachjustieren, so wie ein Bergsteiger sich immer wieder auf Unwägbarkeiten einstellt und seinen Weg dem Wetter und dem Gelände anpassen muss, wenn er die Bergkuppel erklimmen will. Aber nicht nur das, manchmal wird er einen Umweg gehen müssen, der im besten Falle einen neuen Weg weist, vielleicht muss er auch umkehren und nach anderen Pfaden Ausschau halten. Flexibilität ist gefragt und der beste Begleiter beim Erklimmen des noch unbekannten Ziels. Für die Ausrüstung gilt ähnliches, wenn sich Regen und Sonne, Wind und Schatten abwechseln, schützt die jeweils angemessene Kleidung vor Ungemach am besten. Auch auf die Gefahr, dass der Vergleich hinkt, er bietet sich an, weil auch wir als Berater uns immer in unwegsamem Terrain bewegen.

Sicherheit finden wir letztlich nicht in unseren Methoden. Erfahrungen helfen Verunsicherungen als nichts Außergewöhnliches zu sehen und trotzdem stellen sie jedes mal aufs Neue eine Herausforderung dar. Jede Situation ist neu und damit einmalig, Erfahrungen helfen zwar beim Navigieren, zeigen aber in der Wiederholung nur begrenzte Wirkung. In der Wissenschaft wird das Mixen von Theorien gern als Eklektizismus gebrandmarkt. Der Kollege Heinz-Ulrich Thiel hält das >Klauen< bzw. Stöbern in unterschiedlichen Theorien und Methoden für professionell. “Wenn man gut >klaut<, und das – aus Sicht der Organisationsmitglieder – gut passt, dann ist das für meine Begriffe eine hohe Kunst.”[43] Belassen wir es dabei: Beratung ist eine hohe Kunst, die verschiedene Methoden spielerisch anwendet. Dabei wollen wir nicht übersehen, dass ich als Berater meine Angst vor dem Neuen auch dadurch in den Griff bekommen kann, indem ich eine Methode nach der anderen aus dem Hut zaubere. Beratung gerät dann zum Entertainment und befriedigt unter Umständen das Eventbedürfnis[44] der Kunden. Mehr Sicherheit verspricht die innere Haltung.

In meinem Verständnis bilden sich Haltungen – immer in Verbindung mit Werten und Moral – in einem lebenslangen Prozess heraus. Prägend sind dabei in erster Linie Gruppenerfahrungen, die im familiären Kontext ihren Ursprung haben. Das Individuum entwickelt sich somit immer entlang der psychischen Grenzen und Möglichkeiten seiner Primärgruppe und nimmt deren Grenzen in Form von Ambivalenzen, Spaltung usw. in die eigene Psyche auf. Oder wie Siegfried Bernfeld es schon vor 80 Jahren formulierte: „Die Kindheit verläuft als Resultat der angeborenen Reaktionstendenzen und -weisen auf die vorgefundenen konkreten, zufälligen und allgemeinen Lebensumstände.“

Betont sei hier nachdrücklich, dass diese Erfahrungen sich keinesfalls auf die Familie begrenzen, auch dann nicht, wenn die Familie für den Einzelnen sozusagen die konkreteste Verkörperung gesellschaftlicher Realität ist. Gerade die institutionelle, oder zunehmend nichtinstitutionelle Eingebundenheit der Familie, z. B. durch Arbeitslosigkeit oder chronische Krankheit, hat nachhaltige Wirkungen auf die Weise, wie der Einzelne die Welt erlebt. Dieses (größtenteils unbewusste) Erleben wird später zu einer wesentlichen Basis für jede Form zwischenmenschlicher Beziehung und zum Umgang mit der Welt überhaupt. Die Spuren, die dieses Erleben hinterlässt, sind sowohl die positiven Formen der Kommunikation und Kontaktaufnahme als auch die je spezifischen Abwehrmechanismen. In jeder neuen Gruppensituation spielt jeder seine erlernte Rolle wie auf einer Theaterbühne. Oder anders ausgedrückt: Jede neue Situation mobilisiert alte vertraute Kommunikations- und Abwehrmuster, weil diese eine gewisse Sicherheit versprechen, spült damit aber auch unwillkürlich Neurotisches und Unbearbeitetes an die Oberfläche.

So inhalieren wir im Laufe unseres Lebens sehr unterschiedliche Gruppenerfahrungen, die mit jeder weiteren Erfahrung reifen können. Somit ist individuelles Verhalten nie ohne seinen verinnerlichten Gruppenkontext zu verstehen.[45]

Ich selbst bin in früher Kindheit beim Vater und der ungeliebten Stiefmutter aufgewachsen, fernab von Nachbarn und Mitschülern, buchstäblich in einem Wald. Mit dem Umzug in die Großstadt mit 10 Jahren eröffneten sich plötzlich ganz neue Räume. Ich entdeckte die Straße als soziales Feld, hier spielten Kinder der Nachbarschaft und Mitschüler. Die Gruppe war so offen, dass es keine Cliquenbildung mit ihren charakteristischen Merkmalen wie Ausgrenzung und Normierungszwang gab. Sicherlich waren die Beziehungen unterschiedlich intensiv, feste Freundschaftsbeziehungen waren eingerahmt in einen größeren Kreis. Abends und an den Wochenenden verwandelte sich die neu gewonnene Freiheit der Straße wieder in die Enge der Kleinfamilie, die vom Geist der Nachkriegszeit und der Ära Adenauer[46] geprägt war.

In unserer Gesellschaft mit dem Zwang zur Individualisierung muss der Einzelne ständig seine Wünsche und Bedürfnisse nach sozialer Zugehörigkeit und Autonomie balancieren. Paartherapeuten wissen, dass dies die größte Herausforderung in Beziehungen ist und allzu oft mit Kränkungen und Verletzungen einhergeht, wenn ein Partner den Nähe- bzw. Distanzwünschen nicht nachkommt.

Aber kommen wir nochmals auf die Angst zurück, der Angst des Beraters vor dem Neuen und Unbekannten. Einen für mich bewährten Weg habe ich als die ethnopsychoanalytische Haltung[47] beschrieben. Angeregt durch die Schriften von Parin & Morgenthaler, die beschrieben, wie sie als Forscher in einem fremden Land die Verunsicherung durch das Nichtverstehen erlebten, das gleichsam zu einer Erschütterung ihrer Identität führte. Solange wir als Berater wach und neugierig jedem Auftrag gegenüber sind und uns nicht borniert auf unseren reichen Erfahrungsschatz zurückziehen, werden wir mehr oder weniger mit dieser Angst vor Verunsicherung konfrontiert werden. Aber nicht nur das, wir können die Angst anerkennen und sie öffnet gleichsam die Sinne, sich auf das Neue einzulassen. Vergleichen können wir es mit einem Schauspieler, der auch bei der 100sten Aufführung des selben Stückes vor jeder Vorstellung sein Lampenfieber spürt. Vielleicht kommt es Ihnen auch näher, statt von Angst von Lampenfieber zu sprechen, es signalisiert die Ernsthaftigkeit unseres Bemühens, unsere Ratsuchenden zu verstehen, ihnen bei der Lösung ihrer Anliegen zu unterstützen. Es ist die Lust auf die Bewegung als Motor der Veränderung und Entwicklung, nicht nur der unseres Klientels, sondern auch unserer eigenen.

In diesem Zusammenhang möchte ich auch auf den bekannten französischen Ethnologen Georg Devereux hinweisen. Er hat in seiner grandiosen Arbeit unzählige Fälle gesammelt, in denen seine ethnologischen Kollegen ihr eigenes Beteiligtsein am Forschungsprozess, und damit am Forschungsergebnis, nicht untersucht haben und deshalb sozusagen durch die Hintertür zu sehr subjektiven - aber verobjektivierten - Aussagen gekommen sind. Die Konsequenz daraus kann nur heißen: Als Berater brauchen wir ein haltendes Netz, das uns erlaubt, unsere Erschütterungen und Irritationen zu klären. Und nicht nur das, es erlaubt uns in einem Parallelprozess unseren Blick zu erweitern für die Dinge, die wir nicht gesehen haben, denen wir keine Bedeutung zugemessen haben oder die wir einfach nur vergessen haben. Allein sind wir den eigenen und den organisationellen Prozessen hilflos ausgeliefert. Es ist letztlich nicht nur eine Frage der Qualität unserer Arbeit, sondern auch der Ethik, ob wir uns einen Raum schaffen, in dem wir uns selbst zum Gegenstand der Reflexion machen können, ohne uns vor Bewertung zu fürchten. Aus dieser Perspektive wird das eigene Unterstützernetz des Beraters selbst zu einer Forschungsgruppe. Damit wird Beratung selbst zur Institution.

Anstoß für diesen Gedanken bezog ich von den französischen Sozioanalytikern (Lapassade, Lurau), die schon in den 60er Jahren feststellten, dass die ratsuchende Institution auf die beratende Institution in ganz spezifischer Weise reagiert und umgekehrt die beratende Institution in ganz spezifischer Weise auf die ratsuchende Institution[48] . D.h. wenn die beratende Institution sich selbst zum Gegenstand für die Untersuchung macht, erhält sie wertvolle Informationen über die ratsuchende Organisation.[49] Und die Veröffentlichung dieser Informationen spiegelt gleichsam die Dynamik der ratsuchenden Organisation, ist somit Intervention. Wer einmal die Wucht der Gegenübertragungsdynamik erlebt hat, weiß wovon ich spreche. Da bricht ganz unversehens das Verstehen zu einer Kollegin, mit der man jahrelang zusammenarbeitet, zusammen. Ein Missverstandenfühlen reiht sich an das andere, schließlich weiß keiner der Beteiligten mehr wo Anfang und Ende sind, beide Berater sind in einem Knäuel der Verwirrung gefangen.

Dann braucht es diesen sicheren Ort - die eigene Beratungsinstitution -, um die Dynamik zu entwirren. Es braucht ihn auch deswegen, um die entstandenen Missverständnisse und damit verbundenen Kränkungen, Wut und Ärger auf den jeweils anderen nicht als dessen persönliche Inkompetenz zu brandmarken. Das bietet sich nur allzu schön an, schließlich sind uns die Muster Schuld-Unschuld oder Richtig-Falsch kulturell in Fleisch und Blut übergegangen. Und es wäre doch so schön, dass erlebte Unbehagen dem anderen anhängen zu können. Wenn es gelingt, das Geschehen mitsamt den entstandenen Irritationen, Verletzungen und Spaltungen dahingehend zu untersuchen, was uns das über die beratende Organisation verraten kann, sind wir einen wertvollen Schritt weiter. Wir können orientierende Arbeitshypothesen formulieren, z.B. dahingehend, dass die erlebten Verwicklungen Ausdruck diffuser Arbeitsaufgaben der Mitarbeiter sind, die zu ständigen Kommunikations- und Grenzüberschreitungen führen und damit zusammenhängend, dass es keine klar definierten und verlässlichen Ansprechpartner gibt.

Diesen Ort braucht es auch, um die unvermeidlichen Ambivalenzen, die jeder Beratungsprozess auf Seiten der Berater und der Organisation auslöst, nicht vorschnell durch neue Strukturen zu binden. Dies gilt eher für die Supervision denn die Mediation. Die Qualität der Mediation ist es gerade eine haltgebende Verfahrensstruktur anzubieten. Unter dem Aspekt der Sicherheit können wir jetzt die angesprochenen Türöffner auch anders sehen: Die angebotenen Methoden sind ein Versuch der Orientierung, sind erste Haltegriffe auf dem Weg mit unbekanntem Ausgang. Und die ihnen zugrunde liegenden Theorien geben uns eine Landkarte an die Hand, das Beobachtete zu verorten und verstehbar zu machen.

Ich komme noch mal auf Wolfgang Weigand zurück, der jüngst den Methodenboom in der Beratungslandschaft einer kritischen Betrachtung unterzogen hat. Er spricht vom Methodenfetischismus als Angstabwehr und kommt im Prinzip zu ähnlichen Einschätzungen wie ich sie oben beschrieben habe und schlussfolgert: "Es fehlen nicht Methoden, sondern es mangelt an Mut, sich auf unbekannte und angsterregende Situationen einzulassen, es bräuchte Geduld und Ausharrungsvermögen, in solchen Situationen, in denen keine einfache und schnelle Lösung in Sicht ist, präsent zu bleiben und sie gemeinsam mit dem Ratsuchenden auszuhalten; auszuhalten ist dann vielleicht auch die Unzufriedenheit mancher Auftraggeber, deren Erwartungen in eine einfache und schnelle Lösung enttäuscht werden." Damit weist er auf einen wichtigen Aspekt hin: Prozessberatung lebt von der Entschleunigung frei nach dem Motto: "Wenn Du es eilig hast, lass Dir Zeit!"[50]

Nun ist das, was wir zur Angstabwehr durch Techniken und Methoden sagen, ja noch nichts Spezifisches für Supervision oder Mediation. Es gilt letztlich für alle Interventionen, die nicht primär Fachberatung sind, sondern auf die Entwicklung von Menschen, Gruppen und Organisationen zielen. Wenn ich vorab sagte, dass die Mediation durch ihre klare Struktur und Phasenabfolge angstmindern wirkt, so zeigt sich bei genauerem Hinsehen und vor allem beim Durchführen, dass sich dies als schöner Schein entpuppt. Gerade in der Phase, in der es darum geht, hinter die Positionen zu schauen, also die Kränkungen, Missverständnisse und Bedürfnisse offen zu legen, sind wir als Berater gefordert uns in liebevoller Geduld unserer Hilflosigkeit zu stellen und ebenso den Ängsten und Zweifeln unserer Klienten.

Auftragsklärung und Sondierung: Beratung über Beratung

Das Zustandekommen einer Beratungsvereinbarung ist ein langer und sensibler Prozess, erst wenn interne Konfliktlösungsversuche nicht zum gewünschten Erfolg führen, wird ein Vertreter der Organisation beauftragt, nach einem Berater Ausschau zu halten. Dem ging oft ein langer interner Prozess voraus, der kulturspezifisch sehr unterschiedlich sein kann. Zuerst werden die eigenen Ressourcen angezapft. In Besprechungen, Konferenzen, Diskussionsrunden oder Zweiergesprächen wird nach Ursachen gesucht und Lösungen werden ausprobiert. Erst wenn all diese Bemühungen nicht zum gewünschten Erfolg führen, wird die Möglichkeit Hilfe durch externe Unterstützung in Anspruch zu nehmen in Erwägung gezogen. Dieser Schritt nach außen wird immer begleitet vom Eingeständnis, es selbst nicht geschafft zu haben und kann mit Kränkungen verbunden sein. Auch wenn die Beraterszene in den letzten 10 Jahren einen ungeheuren Boom erfahren hat und zu den am stärksten expandierenden Dienstleistungen zählt, wird ihre Inanspruchnahme immer noch von untergründigen Schamgefühlen begleitet. Das mag erklären, warum interne Konfliktmanagementmodelle sich zunehmender Beliebtheit erfreuen. Stabsstellen für Beratung werden auf- und ausgebaut, Mitarbeiter in Personalabteilungen werden in Mediation, Organisationsberatung, Coaching und Supervision geschult. Der unausgesprochene Wunsch, dadurch Angst- und Schamschwellen zu reduzieren, erfüllt sich nur zum Teil. Die internen Berater sind selbst Teil des Systems und damit oftmals Teil des Problems. Ihre organisationsinternen Klienten betrachten sie mit mehr oder weniger verhaltener Skepsis: Ob man ihnen vertrauen kann, wie gehen sie mit meinen Informationen um?

Hat sich eine Organisation dennnoch entschlossen, den Weg nach außen zu gehen, hat die Konfliktdynamik die Größe eines gleich platzenden Eiterpickels erreicht. Nun ist schelle Hilfe angesagt und die Ergebnisse der internen Konfliktforschung werden an den Berater adressiert.

An dieser Stelle steht der Externe vor der Frage: Soll ich die angebotene Konfliktdiagnose übernehmen und welche Möglichkeiten der Einflussnahme habe ich? An diesem Punkt finden entscheidende Weichenstellungen statt, in welcher Richtung der Beratungszug fahren wird und wie er aussieht. Ist es ein Nebengleis mit langsamem Tempo, wird es ein Schnellzug oder befinden wir uns gar auf einem Rangierbahnhof, auf dem der Zug immer nur hin und her fährt, den Beteiligten aber den Eindruck intensiver Arbeit vermittelt, nur das Ziel rückt keinen Millimeter näher? Um im Bild zu bleiben: In jedem Falle springt der Berater auf einen fahrenden Zug auf, der bereits aufgrund seiner Konfliktgeschichte ein gewisses Tempo aufgenommen hat. Gelingt es ihm in das Führerhaus vorzudringen und auf Richtung und Tempo Einfluss zu nehmen, oder wird er im Speisewagen mit leckeren Gerichten bei Laune gehalten?

Ausgangspunkt eine *Teamsupervision* in Anspruch zu nehmen, sind meist konkrete Probleme in der Arbeit, die oft schon eine gewisse Eskalationsstufe erreicht haben. Bevor die Ratsuchenden sich an einen externen Berater wenden, haben sie für sich erst mal eine Problemdefinition gefunden. Sei es, dass Fall-Supervision gewünscht wird, um die Arbeit mit den Klienten/Kunden effektiver gestalten zu können oder sollen Kooperations- und Kommunikationsprobleme besprochen werden oder geht es um Konflikte des Teams mit der Leitung oder umgekehrt der Leitung mit einem Team oder geht es um strukturelle Veränderungen in der Organisation? In jedem Fall wird dem Supervisor im Erstkontakt ein Thema bzw. zu bearbeitendes Problem genannt. Nun liegt es in der Natur der Sache, dass das selbstformulierte Problem gar nicht das eigentliche Problem sein muss.

Deshalb ist die Problemdefinition bereits ein Teil des zu bearbeitenden Problems. Das hängt damit zusammen, dass jede Organisation bzw. Subgruppe eine Problemdefinition findet, die ihrem Typus entspricht. Organisationen, deren primäre Arbeitsaufgabe die Heilung und Pflege von Klienten ist und so ein hohes Maß an Beziehungsarbeit und -fähigkeit von den Mitarbeitern fordern, formulieren ihre auftauchenden Konflikte zuerst auf dieser Ebene: Wo beispielsweise die Teamarbeit aufgrund mangelnder Arbeitsabsprachen oder unklarer Arbeitsvorgaben überstrapaziert ist, wird oft die Klärung der emotionalen Beziehungen gewünscht, obwohl es gerade darum gehen könnte und müsste, zu untersuchen wo und warum die entlastende Funktion organisatorischer Strukturen nicht greift.

Ein anderes Extrem sind Organisationen deren Arbeitsaufgabe im Verwaltungs- oder Produktionsbereich liegen. Hier ist die Arbeit oft durch Vorgaben und Anweisungen in einem hierarchischen System vorgegeben. Entsprechend liegen die Konfliktformulierungen am ehesten auf der Ebene der Mitarbeiterführung: Wo die Arbeit durch Überformulierung von Regeln und Anweisungen zusammenzubrechen droht und sich als Gegenbewegung informelle Strukturen in gleichem Maße zur Regelung der emotionalen und arbeitstechnischen Beziehungen herausgebildet haben, wird in der Problemdefinition genau dieser emotionale Bereich ausgeklammert und gewünscht werden vorrangig Vorschläge und Strategien zur Effektivierung der organisatorischen Struktur.

Um gemeinsam herauszuarbeiten wie und unter welchen Bedingungen das zuerst angebotene Thema bearbeitet werden kann, empfehle ich den Ratsuchenden - egal ob Team oder Leitung – ca. fünf Sitzungen (à 90 Min.) zur ersten Klärung des Beratungszieles und eines möglichst breiten Kontraktes mit den Beteiligten über das Vorgehen. Hier geht es darum, die zunächst 'offizielle' Motivation zur Supervision zu bearbeiten. Diese Klärungs- oder Sondierungsphase dient dazu, nach der vereinbarten Zeit eine genauere Supervisionsvereinbarung zu treffen und herauszufinden, ob das vorgegebene Setting dazu das angemessene ist (s. Abb. 9). Kornelia Rappe-Giesecke (2009a) nennt diese Phase "Beratung über Beratung". Gleichzeitig relativiert sie dies, wenn sie darauf hinweist, dass die Professionalisierung von interner Beratung inzwischen auch in kleinen Organisationen zu einem kompetenten Beratungsmanagement geführt hat. Dies erleichtert die Abstimmung mit Externen bei der Implementierung und die Ankopplung der Beratung an strategische Entscheidungen und setzt Standards für die Prozessgestaltung.

„Das Problem ist das Problem"
Themen der Klärungsphase

1.
Die erste Problemdefinition überprüfen

2.
Einen ersten Arbeitsfokus festlegen
Inhalt und Ziele

3.
Wer wird zur Bearbeitung benötigt?
- Mitarbeiter, Abteilung, Team -

4.
Welches ist die geeignete Beratungsmethode ?

5.
Wer ist der geeignete Berater?

Abb. 9: Das Problem ist das Problem

Für alle Beratungsverfahren gilt, dass ihre besonderen Kompetenzen nur dann die gewünschte Wirkung zeigen können, wenn es Auftraggeber und Berater gelingt, ein tragfähiges Arbeitsbündnis zu schließen. Dieses Arbeitsbündnis findet in der Konstituierung eines sogenannten Beratungssystems seinen Ausdruck (vgl. Pühl 2009).

Das Beratungssystem muss, wie die 3 anderen Systeme, eigene Regeln entwickeln, Aufgaben und Rollen ausdifferenzieren, System-Umwelt-Beziehungen regulieren und schließlich eine eigene Identität entwickeln.

Die Schritte dahin gehen über die Klärung des Auftrages hinaus und sind meist ein längerer Prozess. Diesen bezeichnen wir als Sondierungsphase (Pühl 1990, 2009). D.h. Berater und ratsuchendes Sy-

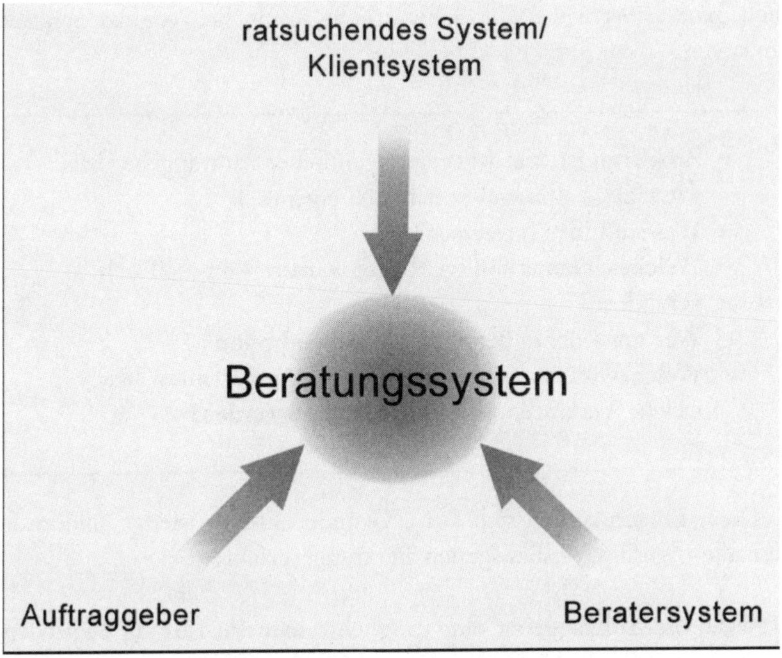

Abb. 10: Beratungssystem[51] (aus: Rappe-Giesecke 2009, S. 82)

stem legen sich zu Beginn nicht vorschnell auf ein bestimmtes Beratungsverfahren fest. Man kann mit fast 100%iger Wahrscheinlichkeit sagen, dass jede Beratungsanfrage erst mal diffus abstrakt ist: "Wir haben einen Teamkonflikt", "Unsere Abteilung X arbeitet nicht effizient", "Unsere Kunden klagen über Reklamationen", "Unser Umsatz ist eingebrochen". Diffus abstrakt meint, dass der Auftraggeber ein Problem lokalisiert hat und dazu eine passende Erklärung gefunden hat. Dies ist im Sinne von Arbeitsfähigkeit ganz unbestreitbar ein ebenso sinnvolles wie nachvollziehbares Vorgehen.

Menschen und Organisationen können den Zustand längerer Hilflosigkeit schlecht oder gar nicht ertragen, Aktion(ismus) ist dann der Weg diesen unangenehmen Zustand zu überwinden, auch wenn der Erfolg meist ausbleibt. Aber lieber etwas tun als das Gefühl zu haben, paralysiert wie das sprichwörtliche Kaninchen vor der Schlage zu sitzen.

- Zu klären ist, wer ist mein eigentlicher Auftraggeber bzw. wie viele Auftraggeber habe ich eigentlich?
- Was sind ihre Interessen?
- Welches Thema soll bearbeitet werden – was soll sich verändern?
- Wer muss daran beteiligt werden und wann?
- Welches ist das angemessene Beratungsverfahren bzw. welche Verfahren sollten kombiniert werden?

Diese Fragen stellen sich aus 2 Gründen immer wieder, und zwar für alle organisationsbezogenen Beratungsverfahren:

1. Weil die Auftraggeber eine möglichst schnelle Lösung wünschen und deshalb Druck machen, unverzüglich zur Umsetzung zu kommen.
2. Weil Berater aus verständlichen Gründen das Verfahren zur Anwendung bringen möchten, das sie am besten beherrschen. Wenn sie nur in einem Verfahren fit sind, kann es ihnen wie dem Handwerker gehen, der nur einen Hammer in seinem Instrumentenkoffer hat: Dann sind alle Probleme Nägel.

Vom Erstkontakt bis zur Auswertungssitzung

Das Ablaufschema, das wir aus der Supervision kennen (vgl. Rappe-Giesecke 2009), bietet selbstredend für alle berufsbezogenen Verfahren eine Orientierung und ist durch folgende Schritte charakterisiert:

1. Erstkontakt (telefonisch, schriftlich)
2. Infogespräch mit dem/den Anfragern (unverbindliche gegenseitige Vorstellung, Erläuterung der möglichen Beratungsansätze seitens des Beraters, erste Skizzierung der Vorstellungen/Anliegen der Anfrager) – ggf. Verabredung zu einer Sondierungsphase, um den Auftrag zu spezifizieren: Beratung über Beratung
3. Sondierungsphase (Kontrakt über eine begrenzte Zeit, um das Ziel zu fokussieren, festzulegen wer teilnimmt, Entscheidung über Beratungsformat bzw. -mix
4. Vereinbarung eines Beratungsauftrages
5. Auswertung

Es war ein langer – und nach allem was man immer wieder liest[52] und hört kein abgeschlossener - Prozess auf dem Weg zu einer professionellen Beraterhaltung, die die Auftragsanalyse an den Anfang unserer Arbeit setzt. Inzwischen sind wir auf dem Weg diesen Teil der Arbeit so hoch einzuschätzen, dass wir sogar berechtigte Hoffnung haben können, die Auftragsanalyse zum Kern- und Verbindungsstück einer entstehenden Beratungswissenschaft zu machen. Für die Supervisionsgeschichte wäre dies insofern ein bedeutsamer Schritt, weil er die Methodenorientierung ersetzt. Die Frage ist dann vordergründig nicht mehr “An welcher Therapiemethode orientierst Du Dich?”, sondern “Wie hältst Du es mit der Klärung Deines Auftrages?”

Dazu finden Sie im Kapitel “Supervision und Mediation im Doppelpack” ein ausführliches Fallbeispiel (s. Kap. VIII). Dass ein Infogespräch auch ‚in die Hose' gehen kann, zeigt das folgende Beispiel:

Auf Empfehlung einer Beratungsstelle, für die ich eine Organisationsberatung durchgeführt habe, fragt eine ebensolche Einrichtung in einem anderen Stadt-

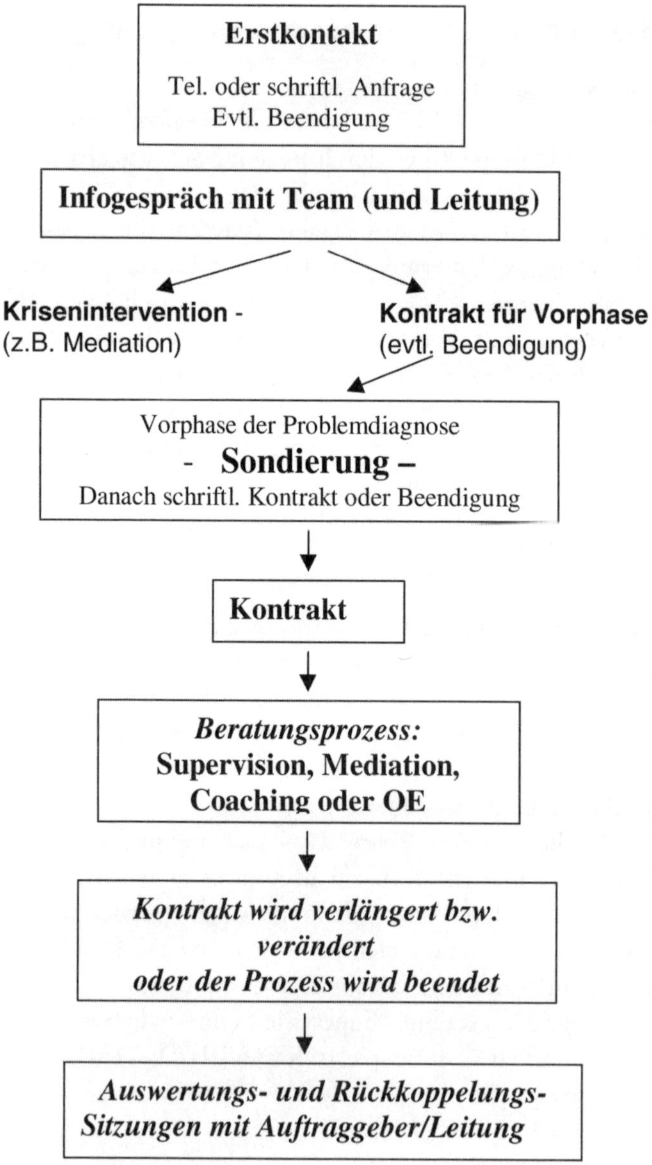

Abb. 11: Vom Erstkontakt bis zur Auswertungssitzung

teil nach. Sie wünschen auch eine solche Beratung, da sich ihr Bereich in den letzten Jahren vergrößert habe und man nun nach neuen Strukturen suchen müsse. Sie würden mich gern in einem persönlichen Gespräch kennen lernen. Als ich ankomme, werde ich freundlich von einem Mitarbeiter an der Tür empfangen und in den Raum mit den wartenden Kolleginnen und Kollegen geführt. In einem engen, dunklen Zimmer sitzen 12 Menschen. Die Atmosphäre ist wie der Raum: dunkel, beengt und bedrückend. Ich stelle mich kurz vor, dann meldet sich der Geschäftsführer zu Wort. Man habe an dem Tag noch weitere Berater eingeladen und sich eine halbe Stunde Zeit genommen. Ich bin irritiert, denn an solchen Bewerbungsrunden nehme ich nur noch in Ausnahmefällen teil. In diesem Falle wurde ich von einem alten Kunden empfohlen, mit dem ich mehrere Jahre erfolgreich zusammen gearbeitet habe. Selbstredend ging ich davon aus, dass zwischen beiden Einrichtungen Kontakt besteht – beide arbeiteten mit dem selben Klientel und sind über ein gemeinsames Netzwerk verbunden – und man sich ausgetauscht habe. Dies schien nicht der Fall zu sein. Also versuchte ich mich auf die Situation einzustellen, spürte dabei aber einen rumorenden Ärger. Nacheinander stellen sich 10 Therapeutinnen und Therapeuten vor, der Geschäftsführer, ein Betriebswirt und die Sekretärin. Über ihre Anliegen war nicht mehr zu erfahren als im vorab geführten Telefongespräch. Man suche nach einer neuen Struktur, die es erlaube mit dem vergrößerten Team reibungslos zu arbeiten. Auf meine Frage, welche Reibungspunkte es denn gebe, kam nur vereinzeltes Murmeln. Schließlich fragte die Sekretärin nach meiner Methode. Meine patzig-trotzige Antwort: Die Methode ist Organisationsentwicklung.

Die Frage kam so unvermittelt, dass mein Impuls diesen dunklen Raum schnell zu verlassen neue Nahrung bekam. Die abgelaufene Zeit kam dem entgegen. Wieder an der frischen Luft angekommen, konnte ich erst mal wieder durchatmen und spürte die Enge auf Brust und Bauch. Auf der Fahrt nach Hause überkam mich der überdrückte Ärger wieder. Warum habe ich mich nicht getraut meiner Stimmung Luft zu machen und zu fragen, wie sie eigentlich mit mir und mit sich umgehen? Wie wollten sie in diesem zusammengepferchten Sitz- und Zeitarrangement etwas klären, warum durfte kein Kontakt entstehen? Ich dachte, hier habe ich eine Chance aus der Hand gegeben, vielleicht wäre es mir besser gegangen, ich hätte das thematisiert anstatt brav ihre Fragen zu beantworten wie ein Schüler, der sich den Geboten unwidersprochen unterwirft. Vielleicht hätten sie ihrerseits die Chance gehabt, sich darüber bewusst zu werden, was sie eigentlich erwarten. Mir war schnell klar, dass ich hier so nicht arbeiten kann.

Was mag sich wohl in den Herzen und Köpfen der Mitarbeiter während dieses Marathon-Vorstellungs-Entscheidungs-Vormittags abgespielt haben? Ich konnte mir nicht vorstellen, dass sich das jemand freiwillig antut. Wer hatte die größte Not, die Einrichtung zu lenken und zusammenzuhalten und wer trug dafür die Verantwortung? Vielleicht war es der Betriebswirt, der hier im Kreise von Therapeuten eine Anstellung gefunden hatte und wie mag es ihm mit seiner Aufgabe ergangen sein? Fragen über Fragen sausten mir durch den Kopf. Die Therapeuten arbeiteten nur bedingt als Team zusammen, nach außen traten sie als Einrichtung auf, die für ihre Arbeit mit Kindern und Jugendlichen Geld vom Staat erhielt. Von den ausgehandelten Stundensätzen gaben sie einen festen Prozentsatz an die Einrichtung – in Form eines Vereins – ab. Sie waren beides: Selbstständige Psychotherapeuten in ‚eigener Praxis' und gleichzeitig Mitglieder einer Organisation – aber was überwiegte? Sie saßen so geduckt und teilnahmslos in der zusammengequetschten Runde, dass man sich vorstellen konnte, sie würden jetzt auch lieber etwas anderes machen. Vielleicht beneideten sie mich sogar, dass ich nach einer halben Stunde gehen konnte, während sie noch weitere Vorstellungen absolvieren mussten. Die einzige Steilvorlage kam von der Sekretärin. Sie stellte mir die Frage nach der Methode und zeigte damit als einzige, dass sie gar keine Vorstellung davon hatte, was das Ganze eigentlich sollte. Sie zeigte am deutlichsten, dass die Idee zu einer Organisationsberatung noch gar nicht ausgereift war. Im Nachhinein vermute ich, dass die Therapeuten von der geplanten Maßnahme auch noch nicht überzeugt waren. Eine Steilvorlage bot sie in sofern, als ich den Ball hätte aufnehmen können, um dies zum Thema zu machen. Die alte Beraterweisheit, dass ohne Kontakt[53] kein Kontrakt zu schließen möglich ist, fand hier seine erneute Bestätigung. In diesem Falle wäre es sicherlich für alle Beteiligten sinnvoller gewesen, vorab ein Klärungsgespräch mit dem Geschäftsführer zu vereinbaren, um zu sondieren, welche Themen die Einrichtung zur Zeit und in Zukunft beschäftigen werden. So aber saßen die Mitarbeiter wie die Hühner hilflos auf der

Stange im dunklen Stall, konnten und wollten sich nicht trennen, schließlich standen ihre Honoraranteile bei der geplanten Maßnahme zur Disposition.

Mit meinen Ausbildungskandidaten spreche ich immer wieder solche sensiblen Anfangssituationen durch und predige geradezu, dass der Berater dafür sorgen muss, ein Arrangement mitzugestalten, dass ihm selbst erlaubt handlungsfähig zu sein. Nun war ich selbst in diese Falle getreten. Dass es auch anders geht, zeigt diese Erfahrung[54]:

Eine Beratungsstelle in der ausschließlich Frauen arbeiten fragte nach Teamentwicklung im Rahmen eines OE-Prozesses an. Beim Erstgespräch in der Beratungsstelle saßen 12 Frauen an einem großen ovalen Tisch. Mein freigehaltener Platz war am Kopfende, eingequetscht zwischen Tisch und Wand, so dass ich mich kaum bewegen konnte. Die Frauen erzählten von ihren bisherigen – nicht immer positiven – Supervisionserfahrungen und was sie alles von mir erwarten. Ich spürte zunehmenden Druck und vor allem die Enge, mich nicht bewegen zu können. Nicht einmal Fluchtgedanken waren möglich: Ich war ihr Gefangener, fernab der Tür, wie gefesselt an meinen Platz. Was hatten sie mit mir vor? Als ich den Druck, den ich spürte und auch meinen eingeengten Platz ansprach, entspannte sich die Situation beidseitig zusehens. Ich konnte etwas rücken, um mir Luft zu verschaffen, die Frauen mussten lachen. Eine Mitarbeiterin meinte, ich müsse aufpassen, dass ich mich nicht von ihnen verführen lasse. Auf meine Frage, was denn damit gemeint sei, meinte sie, dass ich die Spannung halten müsse. Der Leiterin fiel zu dem Bild des "eingequetschten Mannes" ein, dass sie eigentlich schon seit mehreren Jahren versuchen würden, ihr Team durch Männer zu erweitern. Aber immer kam es dazu, dass sie sich stattdessen für Frauen entschieden, obwohl sie konzeptionell eigentlich den Anspruch haben, als Beratungsstelle für Familien und Paare zweigeschlechtlich organisiert zu sein. Wenn sie nun sehe, wie die Beratungsstelle mit Männern umgehe, wundere sie sich nicht, dass die Umsetzung des Vorhabens immer gescheitert sei.

Ein Kollege erzählte mir neulich, dass ihn ein Team zu einem Erstgespräch eingeladen habe und er auf seine Frage hin, wie viele Berater denn auf ihrer Liste stehen, erfuhr, dass es sieben seien. Er lehnte dankend ab. Das wirft allerdings die Frage auf, welches die Motive sein können, ein solches Prozedere zu veranstalten.

Dreieckskontrakt

Der sogenannte Dreieckskontrakt gehört inzwischen zu den Standards der Prozessberatung. Dahinter verbirgt sich die Erfahrung, dass wir es im Prinzip in allen organisationsbezogenen Beratungsverfahren mit mindestens zwei – oft auch mehr – Auftraggebern zu tun haben. In der Team-Supervision und der Mediation von Arbeitsgruppen sind dies die direkten Klienten und ihre Vorgesetzten (s. Abb. 12).

Das allgegenwärtige Dreieck

Dcr >Drei< kommt in unserer Kultur eine tief verankerte Bedeutung zu. Wenn ich mich recht erinnere, habe ich zuerst in der Schule im Religionsunterricht von der "Dreieinigkeit" gehört: Vater, Sohn und Heiliger Geist. Seit ältesten Zeiten kommt der Dreizahl als kleinster Vielheit große Bedeutung zu. Sie begegnet uns immer wieder in Mythologie, Märchen, Recht und Volksbrauch. So wurzelt das Sprichwort "Aller guten Dinge sind drei" tief in der Überlieferung. Interessant fand ich, wie der bekannte Psychosomatiker Georg Groddeck Zugang zur Drei gefunden hat. Er war es übrigens auch, der den Begriff des Es in die Psychologie eingeführt hat, den Freud in seinem Strukturmodell (Es, Ich Über-Ich) übernommen hat.

Groddeck erzählt eine Geschichte aus seiner Kindheit mit seiner Amme Berta, die auf so amüsante Weise die Krux mit der Drei auf den Punkt bringt, das ich sie Ihnen nicht vorenthalten möchte. Als die geliebte Amme ihn verlassen muss, schenkt sie ihm zum Abschied einen kupfernen Dreier: "Ich weiß genau, dass ich, statt wie sie wollte, Zukkerzeug dafür zu kaufen, mich auf die steinerne Treppe der Küche setzte und das Dreierstück auf den Stufen rieb, damit es glänzte. Seitdem hat mich die Zahl Drei verfolgt. Wörter wie Dreieinigkeit, Dreibund, Dreieck, haben etwas Anrüchiges für mich, und nicht nur die Wörter, auch die Begriffe, die damit verbunden sind, ja ganze Ideenkomplexe, die ein eigensinniges Knabenhirn darum herum gebaut hat. So ist der heilige Geist als Dritter schon in früher Kindheit von mir abgelehnt worden, die Lehre von den Dreieckskonstruktionen ist mir in der Schule eine Plage gewesen und die einst vielgepriesene Dreibundpolitik wurde von mir vorneherein getadelt. Ja, die Drei ist eine Schicksalszahl für mich geworden. Wenn ich mein Gefühlsleben rückschauend betrachte, so sehe ich, dass ich, so oft mein Herz sprach, als Dritter in ein bestehendes Neigungsverhältnis zweier Menschen eingedrungen bin, dass ich stets den einen, dem meine Leidenschaft galt, von dem anderen getrennt habe, und dass meine Neigung erkaltete, sobald mir das gelungen war. Ja, ich kann verfolgen, wie ich, um diese schwindende Neigung am Leben zu erhalten, von neuem einen Dritten zugezogen habe, um ihn wieder zu verdrängen. So sind in einer und gewiss keiner unwichtigen Richtung die Affekte des Doppelverhältnisses zu Mutter und Amme und der Kampf des Abschieds ohne Absicht, ja ohne Wissen von mir wiederholt worden; eine nachdenkliche Sache, die zum mindestens zeigt, dass in der Seele eines dreijährigen Kindes seltsam verworrene und doch einheitlich gerichtete Dinge vor sich gehen." (S. 25)

Dreiecksgeschichten nehmen immer irgendwo den Anfang. "Ein Mann und eine Frau haben oder machen ein Kind und selbst wenn dies der einzige Moment sein sollte, in dem sie zu dritt sind, fängt es doch immer dort an – auch und dann, wenn der Gedanke ans Kind nie ausgesprochen war. Es gibt ihn, den Gedanken, in der Phantasie, auch wenn man ihn verhüten muss."[55] Die Chance dieser Dreieckssichtweise besteht darin, der Wirklichkeit etwas näher zu kommen. Die Sichtweise reduziert gleichzeitig Komplexität, erhöht sie aber ebenso, denn durch die Sicht aus allen drei Punkten auf das Geschehen haben wir die Chance, wenigstens einen Zipfel der Wirklichkeit zu erwischen. In diesem Sinne eröffnet die Dreidimensionalität die Chance zum Perspektivwechsel.

Dass das leichter gesagt als getan ist, hat Groddeck uns ja schon verraten. Auch als Berater begeben wir uns durch die Triangulierung in eine Situation, die zwangsläufig die eigene Biographie mobilisiert, weil sich das familiäre Dreieck Mutter-Vater-Kind(er) bei genauer Betrachtung oft auf Zweierbündnisse reduziert - und zwar zwischen Mutter und Kind gegen den Vater oder zwischen Vater und Kind gegen die Mutter oder aber der Eltern gegen das Kind. Diese „Zwei-gegen-einen-Struktur" begründet die existentiellen Grundängste, die uns allen vermutlich nicht fremd sind. Es ist die Angst vor dem Ausgeschlossenwerden, vor der Ausstoßung, vor dem Missbrauch von einem gegen einen anderen Partner benutzt worden zu sein. Letztlich ist es die Angst vor dem Alleingelassenwerden. Ich nenne das die „triadische Grundangst"[56], die m.E. bisher viel zu wenig in den Blick genommen wurde, gerade wenn es um das Scheitern von Beratungen geht.

Die Angst vor der Triade ist eine grundlegende und tiefe: Es ist - wie gesagt - die Angst vor der Ausstoßung, vor dem Ausgeschlossenwerden und vor der Aggression. Und diese Angst vor der aggressiven Ausstoßung hat neben dem realen psychischen Kern auch einen ökonomischen. Gerade der externe, der sogenannte freie oder neutrale Berater, ist in hohem Maße von Ausstoßung bedroht: entweder durch den Auftraggeber, d.h. die Organisation oder deren Finanzverwalter, oder durch das Team. Wenn er es einem der beiden Seiten nicht recht macht, droht ihm die Nichtverlängerung seines Vertrages und damit die gefürchtete Ausstoßung.

Diese Grundängste tragen dazu bei, dass eine 'trianguläre Beziehung' zwischen Berater und ratsuchenden Parteien oft nicht zustande kommt. Wir finden diese Dynamik regelmäßig in Organisationen wieder. Beispielsweise wenn sich die Mitarbeiter mit den Klienten gegen die repressive Organisation verbünden. Wir finden sie auch in wechselnden Koalitionen der Leitung mit einem Subsystem gegen ein anderes. Diese zerstrittenen Parteien suchen im Berater dann einen Bündnispartner für sich und gegen andere. Jeder Berater ist aufgrund seiner eigenen biographischen Dreieckserfahrung ständig mehr oder weniger prädestiniert, sich einer Partei einfühlend unterstützend zuzuwenden, weil er die Hilfebotschaften des Gebrauchtwerdens kennt. Dabei geht ihm aber die andere Seite der Medaille verloren: Nämlich die Ausstoßung aus der Beziehung, weil man als nicht hilfreich und wertlos erlebt werden muss, um die intrapsychische Ambivalenz nicht zu gefährden.

Der Ausweg aus dieser Zwickmühle besteht darin, dass der Berater den Winkel balancieren muss. Der Berater muss mit dem einen und dem anderen Partner einen eigenständigen Kontakt aufbauen und halten. Beide Beziehungen schließen sich nicht aus und die Kontaktaufnahme mit einer Seite bedeutet nicht automatisch eine Verbündung gegen die andere Seite. Ich weiß, wie schwer das in organisationellen Beratungen zu bewerkstelligen ist, wie schwer das Dreieck zu halten ist. Die Bewegung von der einen Seite zur anderen kann schnell mit Gefühlen des Beraters einhergehen, die jeweils andere Seite zu verraten. Das Misstrauen der Partei, von der man sich wegbewegt, schürt eigene Schuldgefühle und man fühlt sich bewegungslos und eingeschlossen. Das Spüren der inneren Bewegungslust und Bewegungsangst eröffnet dem Berater und dem Klientel neue Wahrnehmungs- und meist auch Handlungsdimensionen. Unter dem Aspekt „organisationelle Triangulierung" möchte ich den Gedanken deshalb an dieser Stelle näher ausführen.

Organisationelle Triangulierung

Ich stoße in meiner Arbeit als externer und auch als interner Berater immer wieder auf die Frage, welche der angebotenen organisationellen Stühle will und kann ich besetzen. Ich wähle das Symbol des Stuhles, um deutlich zu machen, dass die Position des Beraters im Geflecht organisationeller Dynamiken nie eindeutig vordefiniert ist. Immer wird es mehr oder weniger versteckte Angebote einer Partei gegen eine andere geben. Wenn Sie an die kurze Fallschilderung meines gescheiterten Erstgesprächs denken, hatte der eingezwängte Stuhl hier eine symbolische Bedeutung. Bewegung war hier von vornherein ausgeschlossen und als Berater sah ich keine Chance den Bewegungsraum zu vergrößern, um kontaktfähig zu werden.

In der Mediation wird das Postulat der >Allparteilichkeit< hochgehalten. Das charakterisiert die Haltung des Beraters auch besser als der Begriff >Neutralität<. Für mich verbirgt sich hinter dem Anspruch der Allparteilichkeit der Versuch, mir die Anliegen aus den verschiedenen Blickwinkeln der Beteiligten anzuschauen und zu verstehen. Verstehen heißt nicht automatisch gutheißen. Nur das reine Verstehen kann ins Nichts führen, wenn wir keinen Bezugpunkt haben. Der Bezugspunkt ist das Dritte, nämlich der Arbeitsbezug bzw. sind die Organisationsziele.

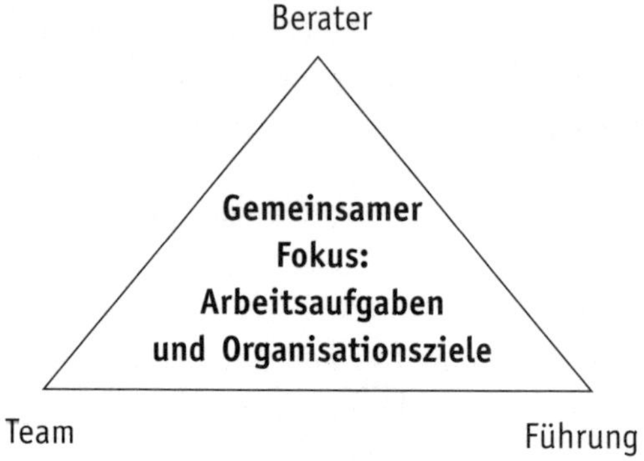

Abb. 12: Triangulierung

Freilich ist das nicht unproblematisch. In der Sprache der 68er würde man sagen, hier findet eine einsichtige Orientierung an den Wertschöpfungszielen des Kapitals statt. Um nicht in Polemik zu verfallen, könnte die Frage lauten: Wie gelingt es dem Berater die unterschiedlichen Interessen zwischen den MitarbeiterInnen nach erfüllter, sinnstiftender Arbeit und dem Effizienzdruck der Organisation zu balancieren? Wir leben ja nicht nur in Zeiten der Globalisierung, sondern damit einhergehend in Zeiten der Flexibilisierung. Nichts ist von Dauer. In Deutschland haben wir schon annähernd 2 Millionen 400-Eurojobs, von den zahlreichen Zeitarbeitern mit wechselnden Arbeitsorten ganz zu schweigen. Die Beratungsbranche boomt gerade in Zeiten der Krise und der Umwälzung. Unsere Aufträge entspringen der Erosion, Bindungen und Loyalitäten scheinen Werte von gestern zu sein.

Organisationen sind immer schon in sich widersprüchlich gewesen. Einerseits sind sie Orte der Angstmobilisierung und andererseits Orte der Angstbindung[57]. Der Aspekt der Angstbindung gerät meines Erachtens zu leicht aus dem Blickfeld, weil die Abhängigkeit von Vorgesetzten etc. für den Einzelnen viel stärker wahrgenommen wird. An die Organisation heften sich aber ebenso Wünsche nach Zugehörigkeit und Gemeinschaft, das Team oder Kollektiv sind dann die konkreten Orte, auf die die sozialen Wünsche nach Bedürfniserfüllung gerichtet sind.

Nun könnte der Eindruck entstehen, die Dreiheit sei ein rein psychologisches Phänomen. Wir finden es ebenso in der Betriebswirtschaftslehre und damit in einem für die organisationelle Beratung relevanten Bezugsrahmen.

- Das *Ökonomisches Prinzip* zielt auf ein möglichst günstiges Verhältnis von Aufwand und Ertrag ab.
- Das *Umweltschonungsprinzip* hat die ökologischen Interessen zu berücksichtigen und Umweltbelastungen sind so gering wie möglich zu halten.
- Das *Humanitätsprinzip* stellt den Menschen in den Mittelpunkt des Leistungsprozesses, d.h. seinen Erfordernissen ist gleichermaßen Rechnung zu tragen.

So weit der Anspruch, wie wir wissen ist die Realität davon meilenweit entfernt. Je dünner die Ertragsdecke der Unternehmen wird, je stärker geraten die unteren Prinzipien in Vergessenheit.

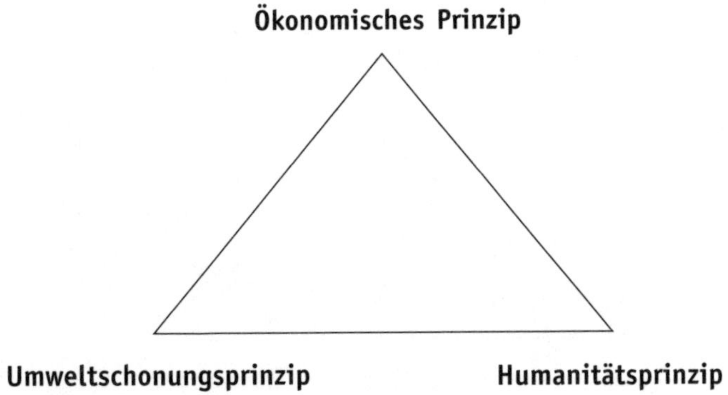

Abb. 13: Das magische Dreieck der Betriebswirtschaftslehre[58]

Eine weitere interessante Dreieckskonstellation finden wir im Projektmanagement. Für unser Thema insofern interessant, da Projekte nach wie vor der Motor der Innovation - zumindest aber der organisationellen Veränderung - sind. Und nicht nur das, Projektarbeit ist meist konfliktreich, weil hier unterschiedliche Berufsgruppen auf Zeit – mit oft unklaren Zielvorgaben – tätig sind.

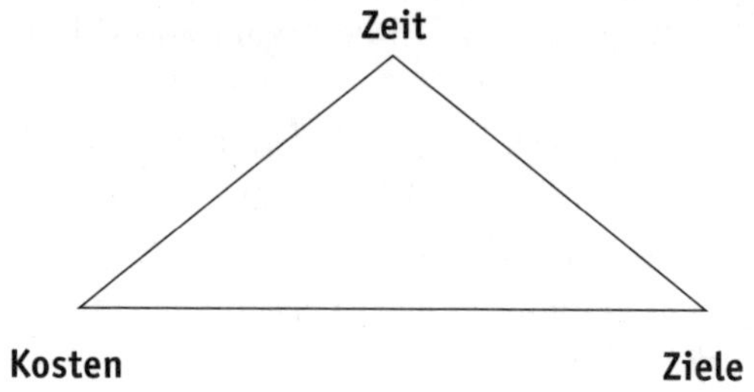

Abb. 14: Magisches Dreieck des Projektmanagements

Die Ziele umfassen Inhalt und Umfang des Projekts. Der Projektleiter hat die schwierige – und damit konflikthafte – Aufgabe mit den Beteiligten ihre meist unterschiedlichen und sogar widersprüchlichen Einschätzungen und Interessen unter diesen drei Prämissen in einem Projektplan zu vereinigen.

Als dritte Dreiheit im Bunde fügt sich folgendes Dreieck an:

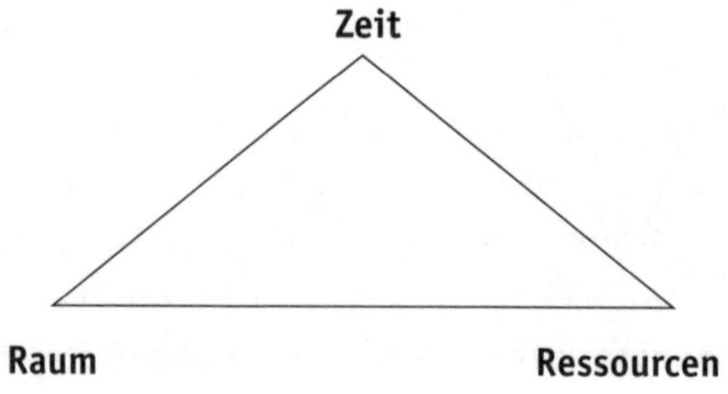

Abb. 15: Grundvorsetzung für Veränderung

Neben der Zeit sind Raum und Ressourcen unverzichtbare Voraussetzungen für jedweden Veränderungsprozess. Das gilt für die Teamsupervision ebenso wie für die Organisationsmediation. Gerade im Prozess des Konstituierens des Beratungssystems stoßen wir auf diese Prämissen: Wie viel Zeit können wir als Berater aushandeln, um ein Thema zu bearbeiten? Das obige Beispiel des Erstgesprächs mit den Therapeuten veranschaulicht dies auf eindrucksvolle Weise: Der Raum war so eng, dass er jede Bewegung auf ein Minimum reduzierte, das zur Verfügung gestellte Zeitfenster so klein, dass weder Licht noch Luft in ausreichendem Maße ihren Weg in die Enge der Therapeutengruppe fanden. Prognostisch sicherlich eine nicht ganz einfache Herausforderung für den gefundenen Berater, den nötigen Bewegungsraum zu erhandeln.

Unter Ressourcen verstehe ich nicht in erster Linie die finanziellen Möglichkeiten zur Abgeltung des Beraterhonorars, sondern die Anteile an der Arbeit, die als positiv bewertet werden. Sie sind sozusagen der gesunde Teil, auf den sich die Beteiligten besinnen können, wenn es um die Veränderung/Entwicklung in ihren Arbeits- und Kommunikationsabläufen geht. Gute Erfahrungen habe ich mit der *SOFT-Analyse*[59] gemacht. Es ist eine aus dem englischen Sprachraum stammende Methode zur Selbsteinschätzung von Einrichtungen. Die Buchstabenfolge S-O-F-T steht für die folgenden englischen Begriffe:

- o *Satisfaction*: Zufriedenstellendes (befriedigende Tatbestände)
- o *Opportunities*: Gelegenheiten (Chancen, Herausforderungen, Möglichkeiten)
- o *Faults*: Fehler (Störungen, Missstände, Probleme)
- o *Threats*: Bedrohungen (potentiell gefährliche Aspekte)

Diese vier Begriffe sind in ein Schema mit vier Quadranten integriert, das den Vorteil aufweist, sowohl positive als auch negative und sowohl gegenwarts- als auch zukunftsbezogene Dimensionen abzubilden. Die Arbeit mit dieser Struktur erleichtert es, die große Fülle unterschiedlicher Wahrnehmungen und Einschätzungen der Beteiligten nicht nur nachvollziehbar zu machen, sondern nach den vorgegebenen Kriterien zu systematisieren und vor allem zu fokussieren.

"*Wir malen (machen) uns ein Bild Ihrer Organisation*" ist eine andere bewährte Methode zur Sondierung. Ich schlage den Teilnehmern dann vor, ein Bild ihrer Institution auf einen Flipchart zu malen, und zwar so, wie sie die Institution und ihre Umgebung (Team, Vorgesetzte) zur Zeit subjektiv wahrgenehmen. Es hilft mir als Organisationsfremden, mir im wahrsten Sinne des Wortes ein Bild von der Institution zu machen. Es weckt meine Neugierde und klärt auch die Beteiligten oftmals über ihre eigene Organisation auf, wenn ihnen auffällt was sie alles nicht wissen, wo die weißen Flecken auf der Landkarte sind.

Dieses frei und spontan gestaltete Bild – bzw. die Bilder - behandle ich wie Kunstwerke. Gemeinsam lassen wir das Bild auf uns wirken und äußern unsere Einfälle. Es gibt keine Situation in der nicht ein solches Bild entstanden wäre. Wie unterschiedlich auch immer die Gestaltung aussah, immer hat sie überraschende Ergebnisse über die institutionelle Dynamik ans Licht gezaubert. Besser als über jedes andere Medium wird auf einen Schlag die aktuelle Konfliktdynamik deutlich. In leiterlosen Institutionen taucht plötzlich ein Kollege in einer herausragenden Farbe an disponierter Stelle auf. Oder in einer hierarchischen Institution fehlt die Führung völlig oder steht ganz unscheinbar am Rand, weil sie in ihrer orientierenden Funktion für das Team nicht sichtbar oder ihre einflussreiche Position verleugnet wird. Vielleicht tauchen in einer Beratungsstelle die Klienten gar nicht auf. Ein anderes Mal fehlen zwischen wichtigen Subsystemen die Verbindungslinien. Die Beteiligten wundern sich meist selbst, wie haargenau das Bild ihre institutionelle Realität wiedergibt. Besonders die Spannung zwischen offiziellem Organigramm und der latenten Struktur wird hier besonders deutlich. Diese Spannung ist meist der Grund für die konflikthafte Dynamik. Durch die Visualisierung und gemeinsame Besprechung vermittelt das Bild einen gemeinsamen Bezugspunkt und schafft die Grundlage für eine bildreiche Sprache, die alle verstehen. Die Themen werden dann festgehalten und bilden ein erstes Gerüst für die Auftragsklärung. Oft wird in späteren Sitzungen auf dieses Bild bezug genommen, da in ihm der institutionelle Grundkonflikt vergegenständlicht ist.

Perspektivwechsel

Der beschriebene Dreieckskontrakt verlangt vom Berater sich in verschiedene, ja oft widersprüchliche, Positionen in der Organisation einzufühlen und die mit der Rolle verbundenen Aufgaben und Anforderungen zu verstehen. Das trifft in abgeschwächter Form auch für die Rollenträger selbst zu, denn jedwede Kommunikation[60] lebt – vereinfacht gesagt – von der Begegnung, dem Einstellen auf den Anderen. Wenn das nicht klappt sind "Vergegnungen" (Buber) die Folge und bilden vielfach den Konfliktstoff für die Beratung. Die kleine "Elefantengeschichte" illustriert auf amüsante Weise, zu welchen Verzerrungen eine einseitige Sicht führen kann.

Die Elefantengeschichte

Sechs blinde Wissenschaftler machen sich auf, um das wahre Wesen des Elefanten zu erforschen.
Der erste rennt gegen die Flanke des Elefanten und behauptet, ein Elefant sei wie eine Wand.
Der zweite bekommt einen Stosszahn zu fassen und widerspricht: Nein, er sei wie ein Speer.
Wie eine Schlange, beharrt der dritte, der den Rüssel zu fassen bekommen hat.
Wie ein Baumstamm, widerspricht der vierte, er hält ein Bein im Arm.
Und so weiter und so fort: jeder greift und begreift nur einen Teil und macht sich daraus seinen falschen Reim auf das Ganze.

Abb. 16: Elefantengeschichte

Der Perspektivwechsel ist ein riskantes Unternehmen, geht es doch darum, im Anderen das Bekannte und das Unbekannte zu entdecken. Es ist ganz sicherlich ein Unterfangen von einiger Brisanz: Eigene ungeliebte Seiten im Anderen zu entdecken, kann haltgebende Mauern zum Einsturz bringen. Schutzversprechende Distanz ("Der andere ist anders als ich!") schmilzt in sekundenschnelle wie Eis in der Sonne, übrig bleiben die Wasserflecken auf dem eigenen Kleid.

Klaus Ottomeyer, Sozialpsychologe und Psychodramatiker, kommt das Verdienst zu, den Perspektivwechsel, wie er beispielhaft im Rollentausch des Psychodrama vorgenommen wird, kritisch zu hinterfragen. Ohne an dieser Stelle die psychodramatische Technik zu vertiefen, kann der Rollentausch im Spiel stattfinden. Gewählt wird ein Mitspieler, um eine relevante Rolle aus dem System des Protagonisten zu übernehmen, im Tausch nimmt er dann selbst diese Rolle ein und eröffnet sich dadurch die Chance, sich selbst aus dieser Rolle zu sehen und die komplementäre Rolle sozusagen von innen zu erspüren.[61] Ganz sicherlich eine Möglichkeit des Perspektivwechsels. Wir können ihn aber ebenso "im Sitzen" vornehmen: mit der Frage an A. "Wie würde es Ihnen in dieser Situation als B gehen?"

Ottomeyer sieht den Rollenwechsel nicht unkritisch: "Am psychodramatischen Rollenverständnis kann man aus Sicht der Marx'schen Theorie kritisieren, dass in ihm die historisch-spezifische Entfremdung, welche unser neuzeitliches Rollenhandeln und unser Rollengefühl (...) überschattet und prägt, nicht mitgedacht ist, sondern oftmals anthropologisiert wird." (S. 69) Übersetzt auf unsere Beratungsarbeit wirft das ein Licht gerade auf die hierarchischen Verhältnisse in der Organisation, in der wir immer Macht und Abhängigkeit balancieren müssen. Wahrhaftigkeit von unseren Klienten können wir unter diesen Bedingungen nur begrenzt erwarten, sie wird immer gefiltert durch die "ökonomische Charaktermaske" wie man mit Marx[62] den Schutzfilter nennen könnte. Er schützt die Betroffenen vor psychischer Totalentkleidung und die Berater, Grenzen nicht als Widerstand, sondern als sinnvollen Schutz in unberechenbaren Gefilden zu akzeptieren.

Die Anziehungskraft, die fremde Völker und das Bereisen ferner Länder haben, mag auch auf einen unbestimmten Wunsch nach einer neuen Perspektive getragen sein. Ich erinnere mich noch sehr intensiv, als ich gegen Ende einer 3-monatigen Reise durch Südostasien, eines Abends beim Essen auf der Insel Bali aufsprang, die Arme hoch riss und laut schrie: "Ich bin ein Deutscher!"[63] Meine Reisebegleiterin war einigermaßen perplex und anderen Gästen des Lokals mag es nicht anders gegangen sein. Nun könnte man vermuten, dass durch eine ausreichende Menge Alkohol oder anderer Drogen meine Hemmschwelle auf ein Mindestmaß herabgesetzt gewesen sei und das Unbewusste leichteren Lauf hatte. Dem war aber nicht so. Ich selbst war ebenso überrascht und fühlte mich gleichermaßen befreit. Nach den Monaten in der Fremde, spürte ich wohl die Fremdheit als etwas von der Umgebung Isolierendes. Wir hatten zwar Indonesisch gelernt und konnten einiges sprechen und verstehen, aber letztlich blieb alles fremd und schloss uns aus. "Nichts ist in der Fremde exotischer als der Fremde selbst", so beschrieb es treffend Ernst Bloch (S. 430).

Das befreiende Gefühl war stärker als die Scham, denn als politisch engagierter Mensch haderte ich ständig mit dem, was in Deutschland vor sich ging: Berufsverbote, Nachrüstung etc. Auf eine unbestimmte Weise war ich heimatlos ohne es mir vorher bewusst gemacht zu haben. Nun spürte ich es und konnte es auf diese etwas skurrile Weise ausdrücken und mich auch später ohne Schuldgefühle als ‚Deutscher' bekennen. Das hat zu einer ungeahnten Beruhigung, ich möchte fast sagen Versöhnung mit dem schuldbeladenen Deutschland geführt.

Kapitel VI
Konfliktmoderation

"Jede Mediation ist eine Art von Moderation" und "Jede Moderation ist eine Art von Mediation" lautet die These von Krainz & Simsa (S. 282 ff), der ich nur zustimmen kann. Wir können aber ergänzend sagen, dass jede Organisationssupervision ebenfalls Anteile von Moderation aufweist, selbstredend gilt dies auch für die Organisationsberatung. Wörtlich übersetzt heißt Moderation "Formgebung, Mäßigung". Ganz gleich, ob wir auf die Mediation oder die Supervision schauen, beide Verfahren zeichnen sich durch eine relativ klare Rahmung aus, die in der Konstituierung des Beratungssystems ihre Form findet (s. Kap. V). Im Fortgang des Prozesses, ist der Mediationsablauf allerdings durch das 7-Stufen-Modell sehr viel enger strukturiert. Die Komplexität der Supervision und Organisationsberatung lässt einen solch klar definierten Abfolgeplan indes nicht zu.

Die handwerklichen Techniken der Moderation haben sich inzwischen in vielen Bereichen etabliert: Abfrage durch Moderationskarten, clustern, d.h. Antwortgruppen zusammenstellen und daraus neue Themen generieren, die auch in Arbeitsgruppen verdichtet werden können. Unerfahrenen Moderatoren passiert es dabei zuweilen, dass sie die Fragen und die Antwortmöglichkarten (Karten) nicht genügend begrenzen, sodass sie in einem Wust von Ergebnissen ertrinken. Im Resultat sind dann alle Beteiligten - der Moderator inbegriffen - frustriert, da statt einer fokussierten Orientierung, mehr offene Fragen als Antworten aufgeworfen wurden und Lähmung die Folge ist, die sich als Ärger an den Moderator richtet (der es doch mit dem Aufzeigen der Komplexität nur gut meinte, damit aber letztlich seine Angst zu fokussieren verdeckte.)

Wie die folgenden Beispiele zeigen, ist Konfliktmoderation immer auch Team- und Organisationsentwicklung. Zuerst werde ich das Modell von Alexander Redlich vorstellen und anschließend drei Beispiele aus meiner Praxis.

"Meilensteine" der Konfliktmoderation in der Teamentwicklung

Alexander Redlich zählt 6 Schritte in der Konfliktmoderation[64] von Teams, die er Meilensteine nennt. Anhand eines Konfliktes in der Verwaltung eines Versicherungskonzerns veranschaulicht er die Bearbeitung eines Konfliktes, der in Folge einer Umstrukturierung entstanden ist. Die Sachbearbeiter, die bisher relativ autonom gearbeitet haben, sind nun zu einem Team zusammengeschlossen worden. Doch statt eines erhofften Synergieeffekts und höherer Kundenfreundlichkeit aufgrund eines Ansprechpartners für verschiedene Belange, wird das Arbeitsklima immer schlechter, Spannungen und Rivalitäten unter den Kollegen spüren sogar die Kunden, die sich beschweren. Der Gruppenleiter wird als chaotisch und unverbindlich geschildert.

Redlich vergleicht "die professionelle Bearbeitung von Konflikten in Arbeitsgruppen wie eine Führung durch schweres Gelände. In diesem Gelände lauern gewissermaßen *sechs große Gefahren*, vor denen der Konfliktmoderator die Gruppenmitglieder bewahren muss." Die erste Hürde nennt er

Nebel falscher Vorstellungen

Hier geht es darum die "oft verschwommenen, illusionären oder allzu engen Erwartungen" durch eine gemeinsame Zielvorstellung zu konkretisieren und auf die Möglichkeiten und Grenzen der Konfliktmoderation hinzuweisen. Vom Auftraggeber gibt es häufig den (unausgesprochenen) Wunsch, der Moderator möge doch entscheiden was richtig und falsch ist, das bezieht sich auch auf Mitarbeiter, ob sie geeignet sind oder eher nicht. Im Vorgespräch klärt Redlich seine Rolle

- wie für die Mediation charakteristisch - als Prozessbegleiter, und die Beteiligten als verantwortlich für die Lösung. Wobei das Ziel bzw. die Richtung mit dem Auftraggeber zu klären ist, bevor das Team ins Spiel kommt, dem dann die Ziele präsentiert werden. Die nächste Etappe nennt Redlich die

Wüste der Fassaden

Charakteristisch für den Beginn hält der Autor die Zurückhaltung der Beteiligten. Keiner wagt sich so recht vor, keiner möchte sich blamieren. Hier steht der Moderator vor der Herausforderung sowohl Kontakt zu den Einzelnen als auch untereinander zu stiften.

Als eine Möglichkeit dazu bietet sich an, das Team aus der Vogelperspektive zu sehen mit der Aufgabe: "Wie würde ein Völkerkundler ihr Team beschreiben?" Dazu setzen sich jeweils 2 Teammitglieder zusammen und bringen ihre Ideen als Bild auf ein Flipchartblatt, das dann der Gesamtgruppe vorgestellt wird. Die Stimmung löst sich meist durch die Fülle der Einfälle. Doch schon stellt sich dem Moderator die nächste Hürde, und zwar der

Sumpf der Ziellosigkeit

Angeregt durch die Bilder purzeln die Themen wild durcheinander. Keiner hört dem anderen richtig zu, jeder ist von der eigenen Hypothese oder Einschätzung überzeugt und versucht sie durchzubringen. Spitzen und "erste sprachliche Fouls sorgen für eine Verschlechterung der Stimmung, bevor es überhaupt einen Überblick über die Konfliktthemen gibt."

Diesen Sumpf legt der Autor mittels seiner direktiven Gesprächsleitung trocken. Er sammelt die Themen ohne dass sie diskutiert werden. Ansätze dazu versucht er zu unterbinden, indem er darauf hinweist, dass dies zu einem späteren Zeitpunkt "in Ruhe und Sorgfalt" geschehen kann. Die Themen werden dann mit seiner Hilfe zu Themenkomplexen gebündelt.

nennt er die nächste Etappe. Hier geht es um die verschiedenen Sichtweisen der Beteiligten und ihre Hintergrundinteressen.
In der Mediation ist dies die Phase der Konflikterhellung und nach meinen Erfahrungen das Herzstück, denn hier kommen die Kränkungen, Enttäuschungen aber auch die unterschiedlichen Wünsche ans Tageslicht.

Im geschilderten Fall machte sich schnell Kritik am Gruppenleiter fest. "Bevor dies zu herabsetzenden Vorwürfen ausufert, greift der Mediator ein und schlägt vor, alle Wünsche der Teammitglieder untereinander systematisch zu erkunden, nicht nur die zwischen Gruppenleiter und Teammitgliedern. Die Beteiligten schreiben ihre Wünsche an die anderen Teammitglieder stichwortartig auf Kärtchen, wobei explizit zwischen Wünschen unterschieden wird, bei denen die jeweils angesprochene Person sich weiterhin so wie bisher verhalten soll, und solchen Wünschen, bei denen sie sich verändern sollte."

Im Ergebnis wird deutlich, dass der Gruppenleiter stärker führen und leichter erreichbar sein soll, wenn es Konflikte mit Kunden gibt. Und bezüglich der Teamkollegen war der Wunsch vorherrschend, dass Informationen von sich aus weiter gegeben werden sollten. Ich kürze hier ab: Der Gruppenleiter erklärt sich bereit, einen "klaren, aber keinen autoritären Führungsstil" zu erproben. Das Thema Informationsfluss nimmt insofern eine überraschende Wende als sich herausstellt, dass besonders zwei dominante Kollegen um die Führungsrolle rangeln. Der Moderator nimmt das Thema auf und schlägt den beiden folgendes Experiment vor: Sie sollen unter seiner Leitung einmal versuchen sich vorzustellen, sie stünden beide in einem Wettbewerb. Sie lassen sich darauf ein und es wird deutlich, dass sich beide Anwärter Hoffnungen auf eine Führungsposition in einem anderen Team machen und versuchen sich in diesem Team zu profilieren. Durch die Rückmeldungen der anderen Mitglieder wird ihnen gespiegelt, dass solch ein individualistisches Verhalten die Chancen auf eine Leitungsrolle wohl eher verringert. Nun folgt die fünfte Etappe:

Gebirge der Sturheit

Erfahrungsgemäß konnten bisher die zentralen Anliegen geklärt werden und die Emotionen haben sich wieder auf ein Normalmaß eingependelt. Dennoch bleiben häufig Streitpunkte ungeklärt, die gelöst werden müssen, um eine tragfähige Vereinbarung fixieren zu können. In der Organisationsmediation ist dies die 5. Phase, die Suche nach Lösungsoptionen, die das Material für die Vereinbarung liefert. Bewährt hat sich hier die Methode des Brainstorming, in der erst mal ohne Bewertung alle Ideen gesammelt werden. So geht auch Redlich hier vor.

In diesem Fall zeigte der Gruppenleiter ein erhebliches Unbehagen, den Wünschen der Teammitglieder nachzukommen. Er möchte nicht für alles und jedes verantwortlich sein und nicht durch zu viele Vorgaben die Eigeninitiative der Mitarbeiter einschränken. Da die Mitarbeiter auf ihren Wünschen beharren und meinen: "Es müsse sich erst noch zeigen, ob mehr Klarheit und Konfliktbereitschaft des Gruppenleiters tatsächlich solche Folgen hätte." Um hier neue Handlungsoptionen zu generieren, bittet der Moderator beide Seiten in getrennten Gesprächen, weitere Ideen zu entwickeln, die dann gegenseitig vorgestellt werden.

Trotz aller Mühen kommt der Zug nicht recht in Fahrt, die Vorschläge bleiben abstrakt und führen zu keiner Lösung, sodass Redlich den Beteiligten folgendes Rollenspiel vorschlägt. "Zuerst wird die Aufgabe gemeinsam ins Gedächtnis gerufen, damit beide von denselben Voraussetzungen ausgehen. Anschließend fragt das Teammitglied in der Rolle des Gruppenleiters nach dem Stand der Arbeit und hört sich in Ruhe alles an, was der "Mitarbeiter" zu sagen hat. Ggf. bemängelt er bei einem Rückstand klar und eindeutig, dass der Mitarbeiter dies nicht früher von selbst gemeldet hat, und vereinbart erneut Zielsetzung, Zeitrahmen und das weitere Vorgehen. Auf diese Weise werden einige Verhaltensweisen vorgestellt, die der Gruppenleiter akzeptiert, weil sie zu ihm und seinen Vorstellungen von Führung passen und zugleich dem Wunsch der Teammitglieder nach mehr Klarheit und Durchsetzungskraft entsprechen."

Dies ist nur ein Beispiel für die Kreativität, die vom Moderator gefordert ist, um den Beteiligten zu Lösungen zu verhelfen, die ihnen angemessen sind und die sie als ihre eigenen annehmen können. Dies ist die Voraussetzung dafür, dass sie in der täglichen Arbeit auch mit großer Wahrscheinlichkeit umgesetzt werden, da sie nicht äußerlich sind, sondern auch emotional und fachlich verankert. Die

Ebene der Folgenlosigkeit

bildet den Abschluss: Wenn die Absprachen getroffen sind, wie die anfänglich genannten Konfliktthemen einer Lösung zugeführt werden, geht es dem Moderator in dieser letzten Etappe darum, eine Art Krisenszenarium zu initiieren mit der Frage "Woran werden unsere Lösungen voraussichtlich scheitern?" Da die Beteiligten am besten ihre Schwachstellen kennen, haben sie dazu viele Einfälle. Aus der Sammlung entwickelt der Moderator dann eine Art Krisenplan im Sinne eines Frühwarnsystems. Nach einer Zeit der Praxiserprobung trifft sich der Moderator noch einmal mit dem Team, um die Resultate der Konfliktbearbeitung zu überprüfen. In der Mediation bezeichnen wir dies als Evaluation bzw. Überprüfung der Vereinbarung.

Drei Beispiele aus meiner Praxis: Konfliktmoderation als Krisenintervention

In letzter Zeit hatte ich mehrere Konfliktmoderationen[65] bzw. Mediationen – die Begriffe waren weder mir noch den Beteiligten wichtig -, in denen es Konflikte zwischen einem ehrenamtlichen Vorstand und dem hauptamtlichen Geschäftsführer gab. In allen Fällen handelte es sich um Organisationen, die ein Budget über mehrere 100.000 Euro jährlich zu verwalten hatten. Diese Vereinigungen zeichnen sich durch eine Verrücktheit – im wörtlichen Sinne – aus, denn der Vorstand wird für eine begrenzte Zeit (meistens 2 Jahre) gewählt, während der Geschäftsführer als Angestellter in der Regel schon länger beschäftigt ist und sich periodisch auf neue Vorstandsmitglieder einstellen muss. Als verrückt bezeichne ich diese Gesellschaftskonstruktion, da formal der Vorstand das verantwortliche Organ und im schlechten Falle der Haftende für die Organisation ist, während die wissensbasierte Macht in den Händen des Geschäftsführers liegt. Er pflegt die Verbindungen zu den Außenkontakten und ist dort als Repräsentant bekannt, er arbeitet mit den angestellten Mitarbeitern zusammen, er kennt die Geschäftsgepflogenheiten und hat den besten Einblick in die finanziellen Belange.

Wird ein neuer ehrenamtlicher Vorstand von den Mitgliedern gewählt, entsteht automatisch ein Ungleichgewicht auf der Informations- und Machtebene. Das eigentlich verantwortliche Organ, der Vorstand, muss sich von seinem unterstellten Geschäftsführer in die Details einführen lassen. In den von mir beratenen Fällen war gegenseitiges Misstrauen der Anlass, eine Beratung in Anspruch zu nehmen. Die Geschäftsführer fühlten sich misstrauisch kritisiert und in ihrer Arbeit behindert durch die ständigen Nachfragen der Vorstandsmitglieder. Außerdem dauerten Entscheidungen, die ihrer Meinung nach drängten, unverhältnismäßig lange, bis der Vorstand in seinen Sitzungen sich ein Bild machte, wieder nachfragte, mehr Infos verlangte und noch mal eine Sitzung dranhängte. Die Vorstände fühlten sich in ihrem Wunsch nach Einbezogenwerden nicht ernst genommen. Sie fühlten sich oft überfordert Entscheidungen treffen zu müssen, deren Reichweite und Bedeutung sie nicht einschätzen konnten. Sie empfanden sich in der Rolle als Bittsteller wie Kinder, die ihre Eltern um Erlaubnis fragen müssen. Es gab auch eine andere Seite: Als gewählte Vertreter der Mitgliedschaft hatte der Vorstand auf den jährlichen Versammlungen Antwort und Rede zu stehen. Ihr Wunsch hier zu glänzen führte nicht selten dazu, dass sie sich durch neue Ziele und Inhalte profilieren wollten. So geriet die Fahrtrichtung des Zuges zwangsläufig an mehreren Entscheidungsbahnhöfen ins Stocken und quälende Diskussionen über die Weichenstellung folgten.

Dieses Gemisch aus verdrehter Über- und Unterordnung war in allen Fällen der Anlass für die Konfliktvermittlungsnachfrage. Die Kommunikation zwischen Geschäftsführung und Vorstand war eingebrochen und unzählige Mails und Protokolle legten davon ein eindrückliches Zeugnis ab.

Da in zwei Fällen die Vorstandsmitglieder aus verschiedenen Regionen kamen, konnten die Beratungen nur in festgelegten Tagesveranstaltungen stattfinden. So waren telefonische Vorgespräche nur mit Einzelnen möglich. Um mir trotzdem ein halbrundes Bild machen zu können, suchte ich das Gespräch immer mit mindestens einem Vorstandsmitglied und dem Geschäftsführer und zur Abrundung ließ ich mir relevante Unterlagen schicken. In einigen Fällen gab es vor einiger Zeit eine Organisationsberatung, wo man sich auf Ziele und Vereinbarungen geeinigt hatte oder es fanden sich Protokolle aus gemeinsamen Sitzungen.

In der ersten (telefonischen) Kontaktaufnahme geht es neben formalen Dingen wie Terminabsprachen und Honorar vor allem um die Frage, ob man beim angefragten Berater in guten Händen ist. Und seitens des Beraters um die Abwägung wie hoch sein Risiko ist, in der begrenzten Zeit ein Ergebnis zu erreichen, das seine Auftraggeber zufrieden stellt. Oder ob am Ende des Tages der allgemeine Frustrationspegel noch potenziert wurde. Die unausgesprochenen Erwartungen der Auftraggeber an solche Art von Moderation sind in der Regel sehr hoch, auch wenn allen Beteiligten eigentlich bewusst ist, dass es immer nur ein Anstoß, ein kleiner Pfad, aus dem ausgetretenen Weg sein kann.

Konfliktmoderation – wie in diesen Fällen und sie scheinen mir typisch zu sein – ist letztlich eine Art von Krisenintervention ohne Netz und doppelten Boden. Wir müssen uns bewusst auf das Risiko einer Beratung ohne ausreichende vorherige Sondierung einlassen. Wir wissen letztlich nicht, was auf uns zukommt, welche Tretminen bereitliegen und welche lang geschlossenen Giftfässer unvermittelt geöffnet werden.

Die Allparteilichkeit ist ein hohes Gut und durch einseitige Berichte sehr gefährdet, eine Schlagseite zu bekommen. Daher war ich immer bemüht, allzu ausführliche Darstellungen des Konflikts von einer Partei zu begrenzen. Das war nicht immer leicht. Insbesondere wenn der aufgestaute Druck sehr hoch ist und die Konfliktdynamik zu Spaltungen geführt hat, kämpft jede Seite von Beginn an um einen guten Platz beim Berater. Mein Schutz, mich nicht in eine – unter Umständen gut nachvollziehbare – Sichtweise verwickeln zu lassen, ist, die Anfangsinformationen auf niedrigem Niveau zu halten. Wenn die Beteiligten versammelt sind, gehe ich in der Anfangsrunde meist so vor, dass ich mir von allen ihr Anliegen schildern lasse. Daraus generiere ich Themen, die ich auf Moderationskarten festhalte und nach der Runde abfrage, ob sich alle darin wiederfinden. So ergeben sich Themenkomplexe, die priorisiert in der Reihenfolge bearbeitet werden können.

Mein Ziel für solche Art von Konfliktvermittlungen ist es, die Kommunikation zwischen den Beteiligten so weit wieder zu ermöglichen, dass ihre Balancierungsfähigkeit von Unterschieden wieder greift. In der Organisationsmediation habe ich daneben die Arbeitsaufgabe im Blick - ja sie ist Leitlinie dafür, inwieweit Kommunikationsthemen geklärt werden müssen. Interessant war für mich die Zusammenarbeit mit einer Kollegin, die primär Paarkonflikte mediiert. Sie war sehr verwundert darüber, dass ich bei den entsprechenden Punkten sehr zielorientiert vorgehe. Sie war irritiert, dass ich mich damit zufrieden gebe, wenn zwischen den Streitprotagonisten ein Perspektivwechsel zustande kam. D.h. Kränkungen und Enttäuschungen soweit nötig benannt und Missverständnisse hinreichend aus dem Wege geräumt. Aber was heißt >hinreichend< und >soweit wie nötig< zur Charakterisierung?

In einer Paarmediation, wie sie zum Alltag der Kollegin gehört, ist der Rahmen auf die beiden Konfliktparteien begrenzt. Um die verwickelte Konfliktgeschichte des Paares aufzulösen und sich gegenseitig zu verstehen, wird man nicht umhin kommen, die tieferen Schichten des verborgenen Eisberges auszuleuchten, d.h. die Verletzungen, Kränkungen, Missverständnisse und die dahinter liegenden Bedürfnisse und Wünsche zur Sprache zu bringen. Das ist in der Regel für die Beteiligten emotional sehr bewegend und scheint manchmal therapeutische Dimensionen anzunehmen.

Was aber ist in der Organisationsmediation mit Subsystemen wie Vorstand und Geschäftsführung anders? Hier haben wir es mit der Erfüllung von Managementaufgaben zu tun. Wir befinden uns damit im Fahrwasser der Organisationsentwicklung, d.h. im Fokus stehen die Ziele und Aufgaben der Organisation als Ganzer. Aus dieser Perspektive stellt sich für mich immer die Frage nach den Grenzen der

Konfliktklärung bzw. in welcher Tiefe sollten Kränkungen bearbeitet werden oder reicht es nicht oft schon aus, Missverständnisse aus dem Wege zu räumen. Im Gegensatz zur angeführten Paarmediation wird von den Managementmitgliedern verlangt, dass sie sich auf die Ziele konzentrieren und einen gewissen Rest an Kränkungen und Verletzungen balancieren können. Von daher agiere ich in dieser Rolle sowohl als Mediator als auch als Organisationsberater, der fragt: "Was brauchen Sie, um ihre Aufgaben erfüllen zu können?"

Ferner haben wir es hier mit komplexen Gruppenprozessen zu tun. Schon die Polarisierung Vorstand vs. Geschäftsführer hält einer näheren Betrachtung meist nicht stand, denn auch im Vorstand gibt es in aller Regel unterschiedliche Haltungen und Meinungen. Also müssen wir bei der Sammlung der Standpunkte und Ziele darauf achten, dass auch diese Minderheitsmeinung ihre Stimme findet, ansonsten bricht der Konflikt an anderer Stelle vermutlich wieder auf. Das gemeinsame Rollenkorsett als Vorstand ist zwar ein verbindendes Glied, eine Kontroverse mit dem Geschäftsführer kann die Gruppe aber zusammenschweißen, um bedrohliche Abweichungen zu kontrollieren. Oder wie meine Oma zu sagen pflegte "Lieber Gott bewahr mir meine Feinde".

Die beiden amerikanischen Gruppendynamiker Stock und Lieberman beschreiben diesen Vorgang so: In gegenseitiger Ablehnung verharren zwei Parteien und leben nur von den gemeinsamen Phantasien über die andere Fraktionshälfte. Weder bringt dies die Untergruppen noch die Gesamtgruppe auch nur einen Schritt weiter. All diese Lösungen bezeichnen sie als „restriktive Lösungen". Diese von der Gruppe nicht bewusst herbeigeführte „Lösung" dient immer der Verminderung beunruhigender Ängste. Aufgabe des Gruppenleiters ist es deshalb, die "progressiven Lösungen" in der Gruppe zu fördern und natürlich erst mal zu sehen. Oft ist der Konformitätsdruck der Untergruppe so groß, dass sich abweichende Meinungen nur mühsam einen Weg durch die Tabunebel bahnen können.

Dazu ein Ausschnitt aus einer Konfliktmediation, in der ich diesen Prozess besonders eindrucksvoll erlebt habe. Ausgangspunkt, Unterstützung in Anspruch zu nehmen, war der Konflikt um die Einstellung eines neuen Leiters für ein kirchliches Kollegium von 30 Lehrerinnen und Lehrern. Sie fühlten sich bei der Stellenbesetzung übergangen und boykottierten den Kontakt mit dem neuen Leiter. Die Szene, um die es mir hier geht, spielt sich im fortgeschrittenen Stadium der Mediation ab. Es war die Phase der Zusammenführung der verschiedenen beteiligten Subsysteme. Anwesend waren die Lehrerinnen und Lehrer fast vollständig und der neue Leiter. Die Mediation habe ich zusammen mit einer Kollegin geleitet. Ich gebe hier den Ausschnitt wieder:[66]

"In der Mitte der Sitzung kam es zu einer interessanten Szene. Ich war mit der Strukturierung des Prozesses, es waren immerhin 25 Kollegen anwesend, total beschäftigt. Meiner Kollegin fiel eine kleine Begebenheit auf, die ich nicht bemerkte bzw. der ich in diesem Moment keine Bedeutung zumaß. Zwei Kollegen tuschelten miteinander. Hier unterbrach meine Kollegin und fragte, ob es um etwas Wichtiges ginge, das auch für uns interessant sein könnte. Daraufhin fragte einer der beiden Mitarbeiter, ob denn der unter den Kollegen vereinbarte Boykott dem jetzigen Leiter gegenüber noch gelte. Der Leiter erfuhr jetzt erstmals davon und war sichtlich überrascht, ja entsetzt. Die Atmosphäre im Raum veränderte sich schlagartig. Alle saßen wie gebahnt da und schauten auf den Leiter. Er reagierte – für mich überraschend – ruhig, vielleicht sogar entspannt und meinte, nun könne er endlich die Reaktionen der Kolleginnen und Kollegen verstehen. Es schien als sei ein Damm gebrochen, denn im gleichen Moment sprach eine weitere Mitarbeiterin ein zweites Tabuthema[67] an: Sie traue sich gar nicht mehr Kontakt in der Geschäftsstelle zum Leiter aufzunehmen, da sie dann das Gefühl habe, die abgelehnte Favoritin zu verraten. Und genauso umgekehrt: Wenn sie mit ihr spreche, habe sie das Gefühl den Leiter zu hintergehen. Der Leiter verstand jetzt den Widerspruch, den er im Kontakt mit seinen Mitarbeitern immer erlebte, sich aber nie erklären konnte. In Einzelgesprächen waren gute Absprachen und Aussprachen über die Arbeit möglich, sobald aber das Plenum zusammen kam oder mehrere Kollegen anwesend, veränderte sich die Situation schlagartig. Er war regelrecht erleichtert, dass sich für ihn dieses Rätsel aufgelöst hatte. Er bekräftige nochmals mit den Kollegen auch weiterhin zusammenarbeiten zu wollen. Nachdem diese beiden Tabuthemen angesprochen werden konnten, änderte sich das Klima merklich.

Wir Mediatoren spürten die Erleichterung in der Kollegenschaft, dass "die Katze endlich aus dem Sack" gelassen worden war."

Hier steht jeder Gruppenleiter vor der Herausforderung eine Balance zu halten bzw. herzustellen, Minderheitspositionen zur Geltung kommen zu lassen und dabei die Gruppendynamik nicht anzuheizen, damit sie sich verselbstständigt und zum Selbstläufer wird.[68] Übersetzt auf die angeführten Vereinsfälle bedeutet das, die Protagonisten der Minderheit zu schützen und ihnen Raum zu geben, also den Geschäftsführer als einzigen Vertreter dieser Rolle und eine Minderheitsposition im Vorstand. Wie das Beispiel aus der Lehrermediation meines Erachtens eindrucksvoll zeigt, eröffnet dies die Brücke zum Perspektivwechsel, dem reinen Gold der Mediation. Konkret bedeutet dies: Der Geschäftsführer kann seine Verteidigungshaltung stückweise aufgeben, da er spürt, dass er nicht einem monolithischen Block gegenüber sitzt und der Vorstand differenziert sich, da er nicht mehr nur mit einer Stimme spricht. Kommunikationspfade sind gelegt und können vorsichtig beschritten werden.

Wie sind die 3 Fälle ausgegangen?

Wie gesagt, der Ausgangspunkt aller 3 Konfliktmoderationen waren unvereinbare Standpunkte zwischen GeschäftsführerIn (GF) und Vorstand (VS). Beteiligt waren je nach Verband zwischen 6 und 12 Personen:

1. Beispiel: *Die Konfliktmoderation eines großes Verbandes aus dem Gesundheitswesen setze sich aus dem zur Hälfte neu gewählten Vorstand und der Geschäftsführerin zusammen. Letztere war mit der Initiierung und Begleitung eines komplexen Organisationsentwicklungsvorhabens beauftragt worden. Neuralgische Meilensteine in der Organisationsgeschichte waren die Mitgliederversammlungen, die sehr unterschiedliche Interessen und Kulturen repräsentierte. Es war eigentlich unmöglich, es allen recht zu machen. Auch der Vorstand selbst repräsentierte diese zum Teil gegensätzlichen Kräfte. Anlässlich einer Mitgliederversammlung kam es zu einer Auseinandersetzung – "einem Knall" - zwischen Geschäftsführerin und Vorstand, getra-*

gen von gegenseitigen Vorwürfen und Unverständnis für die jeweils andere Seite. Wie ein dichter Nebel lag diese "Geschichte" über dem Organ und behinderte jede weitere vertrauensvolle Zusammenarbeit.

Diesen Nebel zu lüften war der Wunsch aller Beteiligten und stand deshalb am Anfang unserer Konfliktklärung. Durch das Offenlegen der unterschiedlichen Sichtweisen nahmen die Beweggründe langsam Gestalt an und bisher nicht verständliche Aktionen konnten zumindest teilweise nachvollzogen werden, auch wenn sie inhaltlich nicht auf Zustimmung stießen. Daraus konnten Vereinbarungen generiert werden, die in Zukunft eine bessere Abstimmung bei wichtigen Entscheidungen regeln. Ferner sollten die zukünftigen Sitzungen zwischen Vorstand und Geschäftsführung so lange unter Moderationsleitung stattfinden "bis das Boot wieder im Lot" ist. Dies war der Ort[69]*, um getroffene Vereinbarungen zu überprüfen, ggf. nachzujustieren und neue Regeln für das Schnittstellenmanagement zu treffen.*

Als nach gut einem Jahr der Vorstand neu gewählt und teilweise neu besetzt wurde, fand die vorläufig letzte Sitzung statt, um den Übergang zu erleichtern und ein Stück Kulturkontinuität sicherzustellen.

Fazit: Für die Konfliktmoderation war charakteristisch, Vorstand und Geschäftsführung in ihrem Verständnis als Leitungsteam zu stärken bzw. zusammenzuführen im Wissen um die gemeinsame Verantwortung für den Verband. Der Vorstand mit seiner Geschäftsführerin bilden das Topmanagement der Organisation und sind von daher auch kulturbildend für das Konflikt- und Leitungsmanagement. Von daher war es naheliegend, dass ich mich mit dem Organisationsentwickler – in Absprache mit den Beteiligten - über Eckpunkte der neuen Struktur abgestimmt habe. In diesem Sinne war die Konfliktmoderation eine flankierende OE-Intervention zur Stabilisierung der Leitungsstruktur.

2. Beispiel: *Diese Konfliktmoderation wurde von einem Interessenverband der Touristikbranche angefragt. Im Vorfeld gab es einen längeren OE-Prozess, in dem Vorschläge für die Stellenbeschreibung des Geschäftsführers und ein Procedere für die Abstimmung zwischen Vorstand (12) und Geschäftsführer erarbeitet wurden.*

In der Umsetzung traten Meinungsverschiedenheiten hinsichtlich der Kompetenzen des Geschäftsführers auf und Befürchtungen aller Beteiligten, dass es deshalb zu Konflikten kommen könne. Eine Konfliktmoderation in der angespannten Situation wurde von allen begrüßt.

Ich wunderte mich, warum der OE-Berater den begonnenen Prozess nicht beenden sollte. Ging es in dieser Phase doch eigentlich darum, die Ernte der langen Arbeit einzufahren. Allem Anschein nach war im OE-Prozess sehr zielorientiert gearbeitet worden, sodass die emotionalen Befindlichkeiten erst mal keinen Platz hatten. Nun befürchteten alle, dass das lange Zeit Unterdrückte sich eruptiv entladen könnte. Das wollte man nicht riskieren.

Um anschlussfähig zu sein, bat ich darum, mit dem OE-Kollegen vorab Kontakt aufzunehmen. Dem wurde nach einigem Zögern zugestimmt. Der kontaktierte Kollege reagierte anfänglich verständlicherweise etwas "verschnupft". Nun wurde in einem neuen Messias die Erlösung gesucht und die eigene Arbeit unter Umständen entwertet. Gerade dies – nämlich die Wertschätzung des Kollegen – war der Ansatzpunkt in einen konstruktiven Dialog zu treten. Mir wurden alle bisherigen Unterlagen und Ergebnisse zur Verfügung gestellt, damit ich mir ein Bild machen konnte. Im Gegenzug verabredeten wir, dass die Beteiligten die Ergebnisse der Konfliktmoderation an den Kollegen zurückkoppeln, falls der Verband zu einem späteren Zeitpunkt ihn wieder für einen neuen OE-Prozess in Anspruch nehmen würde. Mit dieser erreichten Klarheit fühlte ich mich frei, den Auftrag zu übernehmen.

Zentrales Thema – wie in den anderen Fällen – war das Verhältnis GF zum Vorstand. Der Geschäftsführer hatte den Verein in mühevoller, jahrelanger Art aufgebaut, zuerst sogar ehrenamtlich, und hatte jetzt den Ehrgeiz, die erreichte Qualität zu erhalten und auszubauen.

Ich kürze hier ab: Nach der Kränkungsbearbeitung konnten Vereinbarungen getroffen werden, die besonders die Stellung des GF stärkten, z.B. indem er endlich einen festen Arbeitsvertrag auf der Grundlage einer bereits erarbeiteten Stellenbeschreibung mit entsprechenden Kompetenzen erhielt. Da hier rechtlich verbindliche Schritte vereinbart wurden, bat ich ein Vorstandsmitglied dies zu protokollieren, um als Mediator keine juristischen Aufgaben zu übernehmen.[70]

3. Beispiel: *Schon bei der Anfrage nach Konfliktmoderation bzw. Mediation zogen Vorstand und Geschäftsführer eines neu gegründeten Bildungsvereins eine nachfolgende OE-Beratung in Erwägung. Eine umfassende Fusion mehrerer kleinerer Vereine vor kurzem bildete die neue Organisation mit ca. 30 MitarbeiterInnen. Der Vorstand setzte sich aus je einem Mitglied eines Vorgängervereins zusammen und sollte so sicherstellen, dass die verschiedenen Kulturen in der neuen Organisation repräsentiert sind. Der Geschäftsführer arbeitete ohne Stellenbeschreibung, nur mit einem mündlichen Arbeitsvertrag. Er musste den Finanzetat verwalten, den Personaleinsatz planen und vor allem die neue Organisation im Umfeld verankern, um den reibungslosen Ablauf zu sichern. Er arbeitete ohne Netz und doppelten Boden, weil er in den Gremien des Umfeldes an Beschlüssen mitwirken musste, diese aber aus Zeitgründen mit dem Vorstand nur unzureichend über unzählige Mails kommunizieren konnte. Klarheit entstand dadurch meist nicht, da entweder keine Rückmeldungen von den Vorstandsmitgliedern kamen bzw. widersprüchliche.*

In der ersten Sitzung, die ich explizit nach dem Mediationsablauf gestaltete, wurde deutlich, dass sich der Geschäftsführer vom Vorstand alleingelassen fühlte, kein echtes Gegenüber hatte um anliegende Entscheidungen zu besprechen, die dann gemeinsam getragen wurden. Die Vorstandsmitglieder ihrerseits fühlten sich ungenügend informiert und bei Entscheidungen oftmals übergangen. Außerdem waren sie misstrauisch, ob der Millionenetat so verwaltet wird, dass sie als Vorstand nicht für Verluste gerade stehen müssen.

Die beschlossene Vereinbarung sah vor, dass sich ein OE-Prozess mit mir als OE-Berater anschließen soll, in dem es besonders um die Klärung der Verstärkung und Entzerrung der Geschäftsführerebene geht, Stellenpläne ausgearbeitet werden und das Selbstverständnis des Vorstandes geklärt wird. Als Sofortmaßnahme wurde eine direktere und klare Kommunikationslinie (Schnittsstellenmanagement) zwischen GF und Vorstand beschlossen.

Vor der dritten OE-Sitzung meldete der GF per Mail an, dass "Störungen Vorrang vor anderen Themen haben müssten". Darüber möchte er zuerst sprechen. Bis zu diesem Zeitpunkt war eine neue Leitungsstruktur aus zwei Geschäftsführern beschlossen worden, einer für die Fachaufsicht (Mitarbeiter) und einer für die Dienstaufsicht (Finanzen, Verwaltung). Die Stellenbeschreibung und das Anforderungsprofil für den Zweitgenannten konnte beschrieben und verabschiedet werden. Da die Zeit drängte, wurde die Stelle zwischenzeitlich auch ausgeschrieben und Bewerbungen waren eingegangen.

Die Stimmung in der folgenden Sitzung war nicht unähnlich vom Anfang, wenngleich die Verhandlungsfähigkeit zwischen den Beteiligten aufrecht erhalten werden konnte. Zum Beispiel wurden zuerst die eingegangen Bewerbungen für die 2. Geschäftsführerstelle gesichtet und bewertet.

"Störungen haben Vorrang": Diesem Satz begegnet man als Berater in vielen Teams. Ruth Cohen hat ihn in ihrem TZI-Konzept verankert und er ist inzwischen – wie es scheint – zum Allgemeingut geworden. Ich begegne diesem Satz immer mit skeptischer Vorsicht nach dem Motto "Lieber einen schönen Konflikt initiieren als sich die eigentliche Arbeitsaufgabe anschauen!" Aber in diesem Falle schien es angebracht, die gestörte Kommunikation erst wieder ins Lot zu bringen. Verkürzt gesagt ging es darum, dass sich der GF vom Vorstand nicht ernst genommen fühlte. Im Sinne "Wiederherstellung der Arbeitsfähigkeit" widmeten wir dem mediativ erst mal ausreichend Raum.

Um den Bezug zur OE wieder herzustellen verteilte ich anschließend einen Bogen mit den Organisationsentwicklungsphasen von Tuckman, der folgende Phasen als idealtypisch annimmt:

- *Testphase (Forming):* Bezeichnet die Anfangsphase, die von großer Vorsichtigkeit bestimmt ist, man sucht seinen Platz und versucht eine gute Figur zu machen.
- *Kampfphase (storming)*: Diese Phase gilt als schwierigste. Konflikte zwischen Untergruppen tauchen auf, Meinungen polarisieren sich und Konkurrenz zwischen den Mitarbeitern wird deutlich. Dabei treten Macht- und Anspruchsdenken hervor. Die Teamleitung wird gefordert und in Frage gestellt.
- *Organisationsphase (norming)*: Die Wellen legen sich, Spielregeln und Teamnormen haben sich etabliert und Formen der gegenseitigen Unterstützung haben sich herausgebildet. Der Zusammenhalt wird durch ein Wir-Gefühl gefördert. Über die Aufgabenverteilung kann offener diskutiert werden.

- *Integrationsphase (performing):* Die Teamstruktur hat ihre Arbeitsfähigkeit und relative Autonomie erreicht.

Ich bat die Teilnehmer zu überlegen, in welcher Phase sich ihre neue Organisation wohl befinde. Übereinstimmend kamen alle auf die "Kampfphase". Das führte zu einer sichtlichen emotionalen Beruhigung, da sie die kränkenden Auseinandersetzungen als ‚normal' akzeptieren konnten und der Schritt in die Bewältigung ihrer anstehenden Aufgaben wieder möglich wurde.

Resümee: Mediation und Organisationsentwicklung

Die dargestellten Beispiele von Konfliktmoderationen zeigen eine eindeutige Nähe zur Organisationsentwicklung[71]. In allen Fällen war die Beratung eingebunden in Veränderungsprozesse. Im ersten Fall war die Konfliktmoderation in einen laufenden OE-Prozess eingebunden, im zweiten Fall schloss die Beratung an einen OE-Prozess an und beendete diesen, im letzten Fall war die Konfliktmoderation der Einstieg in einen längeren OE-Prozess.

Das letzte Beispiel steht für mein *Eisbergmodell*[72], d.h. bevor die Kommunikations- und Verhandlungsfähigkeit der Beteiligten nicht ausreichend sichergestellt ist, sollte nicht an Strukturveränderungen gearbeitet werden. Währenddessen ähnelt das erste Beispiel dem *Patchworkprogramm*, in dem verschiedene Beratungsverfahren in Kombination zur Anwendung kommen. Bei meiner ursprünglichen – und an anderer Stelle ausgeführten – Vorstellung ging ich von einem Methodenwechsel innerhalb eines Beratungsprozesses durch einen Berater aus. Die Mediation bzw. Konfliktmoderation ist dann eine Art Notfallprogramm zur Wiederherstellung der Arbeitsfähigkeit. In diesem Falle waren die Programme auf zwei Beraterschultern verteilt, die sich miteinander abstimmten. Die Platzierung einer Konfliktberatung als Abschluss einer OE-Maßnahme ist nicht so ungewöhnlich wie auch mein Beispiel in Kap. II zeigt.

Des weiteren war in allen Fällen eine wechselseitige Kränkungsdynamik gemischt mit Gefühlen von Misstrauen zu beobachten. Hier erwiesen sich die Mediationsschritte als hilfreicher Fahrplan, zuerst die jeweiligen Standpunkte zu verstehen und dann über den Perspektivwechsel die darin verborgenen Wünsche, Bedürfnisse resp. Ziele zu beleuchten. Besonders die Geschäftsführer zeigten starke emotionale Affekte als ihre mangelnde Anerkennung von ihnen benannt werden konnte. Ihre Rolle "Einer allein gegen Alle" erforderte enorme Selbstschutzmechanismen, die immer wieder einzubrechen drohten. Einerseits hatten sie dem Vorstand Rede und Antwort zu stehen und anderseits mussten sie im Rahmen der OE-Prozesse teilweise Maßnahmen durchführen, die bei den Mitarbeitern Widerstände, Kritik und Auseinandersetzungen hervorriefen. Auch, wenn die Vorstände kein monolithischer Block waren, fanden sie doch immer Verbündete in ihrem Kreis und konnten auf wohlwollende Resonanz setzen.

Ein bisher nicht angesprochenes – aber in allen Fällen – relevantes Thema waren gegenseitige mehr oder minder explizite Infragestellung der Kompetenzen. Die Vorstände waren sich unsicher, ob die Geschäftsführer für die verantwortungsvolle Tätigkeit ausreichend qualifiziert und kompetent seien. Diese Angst bekommt durch Presseberichte immer wieder Nahrung, wenn bekannt wird, dass Geschäftsführer entweder einen Verband in die Insolvenz manövriert und gar Gelder unterschlagen haben. Im Gegenzug sehen die Geschäftsführer im Vorstand oftmals keinen gleichberechtigten Partner, der aufgrund seiner ehrenamtlichen Nebenbeschäftigung weder die Komplexität der Vereins- bzw. Verbandsbelange noch die aktuell zu bewältigenden Veränderungen einschätzen kann.

Nun sind personelle Kompetenzbeurteilungen weder in der Konfliktmoderation noch in der Mediation möglich. Ich fühlte mich teilweise verführt, mich zur einen oder anderen Partei zu positionieren durch vielerlei berichtete Details von vermeintlichen Verfehlungen, sowohl auf Seiten des Vorstandes wie umgekehrt auf seitens des Geschäftsführer. Um diesem Verführungsangebot nicht zu folgen, fand ich es immer hilfreich die Aufgabenseite zu betonen. Auf dieser Folie konnten dann konkrete Sicherungsmaßnahmen zwischen beiden Seiten vereinbart werden.

Kapitel VII
Konfliktbearbeitung in Supervision

Wolfgang Weigand (1996, S. 416), langjähriger Vorsitzender der DGSv, sieht Supervision in erster Linie als "ein Instrument der Personalentwicklung im Profit- und Non-Profitbereich", und setzt an erste Stelle, dass Supervision "*aktuelle Konfliktlagen* vor allem im Kommunikations- und Kooperationsbereich zwischen Mitarbeitern, ihren Kunden oder Klienten und ihren Vorgesetzen *bearbeiten* will" (Hervorheb. i.O.).

Hierdurch wird unmissverständlich deutlich, dass Supervision und Mediation auf den selben Gegenstandsbereich zielen: Konflikte in Organisationen zu klären. Aber wie geschieht dies in der Supervision und was unterscheidet sie dabei von der Mediation?

Als erstes bedeutsames Unterscheidungskriterium können wir festhalten, dass ein eskalierter Konflikt und die Bereitschaft zur Lösung die Eintrittskarte in das Mediationsverfahren ist. Dies gilt in der Enge nicht für die (Organisations-)Supervision, weil Supervision breiter angelegt ist und die Arbeitsbeziehungen im Verhältnis zur Arbeitsaufgabe im Fokus stehen. Doch bei genauerem Hinsehen erweist sich dies als Mythos. Wie das Weigand-Zitat eindrucksvoll zeigt, stehen auch am Beginn einer Teamsupervision in der Regel mehr oder weniger klar formulierte Konflikte. Dies scheint mir der entscheidende Unterschied zu sein: In der Teamsupervision liegen die Konflikte oft nicht auf dem Tisch, sondern noch im Verborgenen und sind zudem vielfältiger Natur.

Ausnahmen von diesem Supervisionsmythos finden wir bestenfalls in langdauernden Fallsupervisionen, wo die Besprechung der Klienten im Fokus steht, dies besonders in den Feldern Psychiatrie und Sucht, teilweise auch in der Jugendhilfe. Aufgrund der Schwere der Arbeit gehört Supervision hier oftmals zum festen Bestandteil beruflicher Arbeit, ist sowohl Qualitätssicherung als auch Psychohygiene. Wir könnten uns als weiteres Feld kontinuierlicher Fallsupervision den Bereich Schule vorstellen. Hier sind die Themen für die Lehrerinnen und Lehrer im Grunde ähnlich gelagert. Gerade im Feld Schule beobachten wir ein enorm hohes Maß an Burnout, Frühberentung bzw. -pensionierung. Der Lehrerberuf erlaubt nur geringe Flexibilität in den Arbeitsaufgaben: einmal Grundschullehrer immer Grundschullehrer, einmal Studienrat immer Studienrat. Die Latte zu erreichender Leistungsnormen wird von Jahr zu Jahr von der Politik immer höher gehängt und engt Spielräume für Kreativität zusätzlich ein. Aus welchen Gründen sich gerade dieser belastete Bereich Schule nach wie vor durch eine hartnäckige Supervisionsresistenz auszeichnet ist ein Kapitel für sich. Mediation als Beratungsmethode hat hier zwar umfassend Einzug gehalten, beschränkt sich aber auf die Konflikte zwischen Schülerinnen und Schülern. Bekannt ist das Konfliktlotsenmodell: Schüler stehen als Vermittler anderen Schülern zur Seite.[73]

In ihrer Studie zur Klärung von Mitarbeiterkonflikten mittels Mediation und Supervision hat Angelika Iser die Forschungsergebnisse aus Teamsupervisionsprozessen zusammengetragen, die durchweg positive Ergebnisse bzgl. der Bearbeitung von Team- und Kooperationskonflikten zeigen. Dazu im einzelnen (S. 96f):

- Schneider & Müller (1998) kommen aufgrund einer Prä-Post-Erhebung zu dem Ergebnis, dass knapp 80% der Supervisanden angaben, “durch die Supervision gelassener auf Kolleg/innen zuzugehen”.
- Eine Untersuchung der selben Autoren (1995) erbrachte 3 Jahre zuvor das Ergebnis, “dass gut 70% die Zusammenarbeit als besser erleben, ohne dass sich die Atmosphäre in gleichem Ausmaß verbessert hat.”
- Müller, Petzold u.a. (1995, S. 200ff) kommen zu dem Ergebnis, dass “das Klären und Lösen von Situationen und Kon-

flikten (31,1%) an erster Stelle" der Erwartungen steht. "Doch 18% sehen auch ein Risiko darin, dass Supervision zur Konfliktverschärfung oder Eskalation von Situationen führen könnte. Eine konfliktprotektive Wirkung wird von knapp 11%, Aspekte der Teamentwicklung und der verbesserten Zusammenarbeit von weiteren 50% benannt."

Angestoßen durch eine lebhafte Diskussion mit Supervisoren über das Verhältnis von Mediation und Supervision interessiert mich, was machen eigentlich Supervisoren, wenn sie zum Beispiel in der Teamsupervision auf einen Konflikt stoßen. Wie intervenieren sie? Wie ist ihre Haltung dazu? Meine These dazu ist ja bekannt: Reichen die supervisorischen Kompetenzen zur Konfliktbearbeitung aus oder schütten die Supervisoren durch gruppendynamische Interventionen nicht unbeabsichtigt Öl ins Konfliktfeuer. Oder aber stehen sie der Konfliktbearbeitung hilflos gegenüber und appellieren in der Fallbesprechung auf die Aufgabenerfüllung – während der Konflikt teilweise über Jahre weiterschwelt und damit auch die Fallbesprechung zu einem riskanten Unternehmen für die Falleinbringer macht.[74]

Fallbeispiele: Konfliktbearbeitung in der Teamsupervision

Ich war neugierig und habe mich in der Literatur auf die Suche nach Fallberichten und -vignetten von KollegInnen gemacht, um hier mehr Klarheit zu gewinnen.[75] Zu meiner Überraschung bin ich bei meiner Recherche nur sehr vereinzelt auf das Thema >Teamkonflikte und ihre Bearbeitung< gestoßen. Selbst an Stellen, in denen explizit "Konfliktbearbeitung in der Supervision" (Boeckh 2008) als Kapitelüberschrift in einem neueren Supervisionsbuch Erwartungen schürt, hier fündig zu werden, bleiben unerfüllt. In einem älteren Handbuchartikel von Sabine Scheffler zum Thema "Teamkonflikte – ein integrativer, mehrdimensionaler Versuch" bleibt es bei Hinweisen möglicher Konfliktursachen. Wo es spannend wird und konkret werden könnte, ersetzt die Autorin eine methodische Diskussion durch ein Hanke-Zitat: “Die Einsamkeit des Tormanns beim Elfmeter oder: der/die SupervisorIn”. Und damit trifft sie vermutlich (unbeabsichtigt) den Nagel auf den Kopf, wenn sie mit der Einsamkeit des Supervisors seine Hilflosigkeit im Umgang mit eskalierten Teamkonflikten charakterisieren will.

Aufgrund der schmalen Basis, der von mir gefundenen Berichte wie Supervisoren die Teamkonflikte händeln, gilt den Kolleginnen und Kollegen besondere Anerkennung, die sich nicht scheuen ihre Praxis offen zu legen. Interessanterweise waren es eher psychoanalytisch orientierte KollegInnen, was ich mir damit erkläre, dass sie im Umgang und im Wissen um ihre eigenen Übertragungen und Gegenübertragungen geübter sind.

1. Sozialpädagoginnen fühlen sich den Aggressionen ihrer Klientinnen hilflos ausgesetzt

Die Gruppenanalytikerin und Supervisorin Elisabeth Rohr (1995) schildert einen Fall aus ihrer Teamsupervision eines “interkulturellen Mädchenprojektes, das Fall- und Teamsupervision wünschte”. Drei junge Sozialpädagoginnen betreuen in einem Jugendclub des Vereins “nachmittags jugendliche Migranten zwischen 12-16 Jahren, die zumeist von anderen Jugendeinrichtungen wegen Verhaltensauffälligkeiten abgelehnt wurden.” Die Sozialpädagoginnen sahen sich von den jungen Mädchen täglich “mit einer Flut von außerordentlich beleidigenden und perversen sexuellen Beschimpfungen ausgesetzt,... die sie wehrlos machten, weil sie erstens von Mädchen und dann auch noch von jungen Migrantinnen ausgesprochen wurden.”

Die Supervisorin entwickelte zusammen mit ihren Supervisandinnen “die Idee, einen Regelkatalog zu erstellen”, der Verhaltensnormen im Club beschrieb und auf einem großen Plakat aufgehängt wurde. Die Supervisorin sah zwar auch, dass ihre Supervisandinnen ihre Kränkungen bearbeiten wollten, das dies allein aber nicht ausreichen würde. So entstand die Idee des Regelwerkes als eine Art Krisenintervention. Die Wirkung verpuffte allerdings nach nur wenigen Tagen.

Der Stress unter den Mitarbeiterinnen führt bald zur Kündigung von 2 Kolleginnen. Aber auch zwischen den neuen Mitarbeiterinnen "setzen sich immer mehr eskalierende Konflikte sowohl im Team als auch im Verhältnis zu den Klientinnen und in der Beziehung zur Institution fort." Die Supervision selbst läuft sage und schreibe drei Jahre lang.

Wie sah hier die Konfliktbearbeitung aus?

Zuerst versucht die Supervisorin dem verzweifelten Team eine Stütze in Form eines Regelwerks für ihre Jugendlichen zu geben. Ohne dass das Wie genauer beschrieben ist, können wir den Ausführungen entnehmen, dass sie versuchte, den Supervisandinnen die Psycho- und Soziodynamik ihrer Betreuten verständlich zu machen. Jugendliche Migrantinnen, die in der Adoleszenz zwischen den Kulturen nach Orientierung suchen und ihren Frust ungefiltert an den Betreuerinnen auslassen. Schließlich bleiben beide hilflos. Die Institution wird zum Sündenbock, in dem sie als "verwahrlost" beschrieben wird, zu der die Supervisorin den Kontakt meidet wie der Teufel das Weihwasser. Ihre Interventionen bleiben auf das Kleinteam beschränkt und werden so nicht als organisationelles Subsystem in ihre Interventionsüberlegungen einbezogen.

Meiner Einschätzung nach wird das Kleinteam zu einer Art Gegeninstitution: Hier erfahren die Teilnehmerinnen all das, "was die Institution ihnen vorenthält, nämlich Verständnis, Interesse, Stütze und Halt, Zuverlässigkeit und klare Regeln und Grenzen." Versuche des Teams, die anderen Mitarbeiter des Vereins und der Leitung zu einer Gesamtsupervision zu bewegen, scheitern. Schließlich geben die Mitarbeiterinnen resigniert auf und kündigen.

Doch auch in der Supervision werden die Teammitglieder letztlich allein gelassen, denn an keiner Stelle schildert die Autorin ihre Versuche zur Leitung Kontakt aufzunehmen und den Auftrag zu klären. Der vielzitierte Dreieckskontrakt zwischen Team, Supervisorin und Leitung kommt nicht zustande. Das ist umso auffälliger als sich die Autorin im Verstehen um die Dynamik der Migrantinnen sehr bemüht. Sie versucht deren Verhalten im Jugendclub u.a. als Ausdruck ihrer zwei unverbundenen Kulturen zu verstehen. Ein häusliches patriarchalisch-autoritäres Elternhaus und eine liberale Kultur in Schule und Freizeit mit all ihren unüberbrückbaren Spannungen, die sich aggressiv im Jugendclub entladen können.

Diese Spaltung scheint sich auch in der Institution zu spiegeln. Die Supervisorin geht diesem Konflikt durch eine Verbündung mit dem Team aus dem Wege, wenn sie auf der anderen Seite die "institutionelle Verwahrlosung" beschreibt und sich dadurch von ihr zu distanzieren versucht.

In ihrer Schlussfolgerung kommt Rohr zu dem Ergebnis, wie wichtig die Bearbeitung der institutionellen Übertragung ist. "Sich mit der institutionell-unbewussten Übertragung in der Supervision zu befassen, bedeutet auch, sich mit der Symptomatik der Klienten zu befassen und sich zu fragen, ob es eventuell zu unbewussten Identifikationen zwischen Klienten und Betreuern gekommen ist." Wenn wir an die nicht weiter hinterfragte Anfrage des Teams nach >Fall- und Teamsupervision< denken, wäre dies sicherlich für die Fallsupervision relevant. Wo aber bleibt der Konflikt mit der Institution, der immer stärker in den Vordergrund getreten ist? Dieser wäre in der sogenannten Teamsupervision aufgehoben, hier geht es klassischerweise um die Klärung der Arbeitsaufgaben, das Schnittstellenmanagement zwischen Team und Leitung sowie den anderen relevanten Projekten des Vereins. Rohr schreibt in dem von mir stark verkürzten Beispiel, dass die "institutionellen Zielsetzungen nicht hinterfragt werden dürfen". Aber wer soll das verbieten? In ihrem Bericht taucht keine Stelle auf, wo es Versuche ihrerseits gab, die Institution ins Boot zu holen.

Zusammenfassend sehe ich hier, dass die Konfliktbearbeitung des sich eskalierenden Teamkonfliktes sich auf das Verstehen der Klientendynamik konzentrierte, während der institutionelle Konflikt systematisch ausgeklammert wurde.

2. Wut und Hilflosigkeit nach einer Team-Fusion

Rudolf Heltzel, Gruppenanalytiker und Supervisor, schildert in einer Fallvignette die letzten beiden von insgesamt fünf Sitzungen. Aus organisatorischen Gründen müssen im Rahmen einer tiefgreifenden Umstrukturierung in einer Klinik zwei Abteilungen fusionieren. "Resignation, Erschöpfung, Enttäuschung, Wut, Misstrauen und Feindseligkeit ... richten sich gegen die Geschäftsführung und stellvertretend auch gegen den neuen Chefarzt." Aus aktuellem Anlass kann der Chefarzt nicht wie geplant an der ersten dieser beiden letzten Sitzungen teilnehmen. Die Stimmung ist "depressiv-aggressiv" geladen. Es hat überhaupt keinen Zweck mit dieser Leitung zu sprechen ist der kollektive Tenor. Der Supervisor schildert seine Gegenübertragung in der Fallvignette folgendermaßen: "Mir kommt das Bild vom Chor in der griechischen Tragödie, und ich reagiere auf diesen Chor selbst mit Gefühlen der Erschöpfung, der Resignation, des Ärgers, des Rückzugs, der Ohnmacht, Hilflosigkeit und Hoffnungslosigkeit. Die Gruppenstimmung hat auch mich im Griff."

Befreiung kommt von einer neuen Mitarbeiterin, die die Stimmung bricht indem sie "die bisher dominierende Gruppenstimmung mit ihrer spielerischen Art konterkariert" und nach den Möglichkeiten ihrer Anleitung fragt. Das löst auch die Stimmung in der erstarrten Gruppe.

Das Team möchte auf einem Info-Tag von der Klinikleitung über die Veränderungen informiert werden und bittet den Supervisor das mit der Leitung zu vereinbaren. Der Supervisor nimmt den geäußerten Wunsch des Teams auf. Nach der Sitzung informiert er den Klinikleiter über den Wunsch des Teams, der dies kategorisch anlehnt, weil seiner Meinung nach ausreichend informiert worden sei, nun gehe es um die Umsetzung. Mit dieser Information eröffnet der Supervisor die letzte Sitzung. "Die Mitarbeitenden wünschten sich mehr Transparenz. Mehr Informationen und mehr Gestaltungsmöglichkeiten. Nach Ansicht des Leitenden Arztes gebe es von allem genug – die Chancen müssten nun auch ergriffen werden." Mit Unterstützung des Supervisors findet die Gruppe zwei Themen anhand derer unterschiedliche Einschätzungen zwischen Leitung und Team besprochen werden können: die Hausordnung und die neuen Namensschilder.

In der Auseinandersetzung über die Hausordnung zeigt sich bei genauerer Betrachtung, dass bereits zahlreiche Anregungen und kreative Ideen der MitarbeiterInnen enthalten sind und es sich bei der vorliegenden Form nur um einen Entwurf handelt, der nach einigen Monaten der Erprobung erneut diskutiert und dann verbindlich wird.

Aufgrund einer neuen Finanzierung müssen alle Mitarbeitenden Namensschilder tragen. Dagegen hat sich heftiger Widerstand, unterstützt durch den Betriebsrat, entzündet, weil sie befürchten, dass dadurch der Beziehungsgedanke in Frage gestellt wird. Der Supervisor interveniert folgendermaßen: "Vielleicht gehören die Ohnmachts- und Abhängigkeitsgefühle an andere Stelle – dass Sie sich absolut ohne Einfluss und als Befehlsempfänger fühlen, was die großen Veränderungen angeht: Die tiefgreifende Umstrukturierung der Klinik wird Ihnen tatsächlich von außen aufgezwungen, in Bezug auf diese Frage werden Sie wirklich nicht gefragt. Die Namensschilder und die neue Hausordnung spiegeln diesen aufgezwungenen Wandel offenbar konkret wider, und daher hat sich Frustration, Enttäuschung und Ärger daran aufgehängt." Heltzel stellt zufrieden fest, dass sich mit diesem gemeinsam erarbeiteten Verständnis der aktuellen Konflikte jetzt alle anfreunden können.

In der Nachbetrachtung dieses Falles kommt der Autor zu dem Ergebnis, dass auf die existentielle Bedrohung mit Ängsten und Verunsicherungen reagiert wurde. Als Erklärungsfolie bezieht er sich auf Bion´s Grundannahmen. ">Kampf-Flucht< und >Abhängigkeit< werden deutlich, wenn von der Führung/Leitung idealtypische Klarheit und garantierte Sicherheit für die Zukunft erwartet – und wenn ihr großes Misstrauen entgegen gebracht wird, wenn diese Erwartungen nicht erfüllt werden." Heltzel schließt nicht aus, dass er nach der ersten dieser beschriebenen Sitzungen vorübergehend zur >Grundannahme-Orientierung< beigetragen hat indem er nach der Sitzung mit dem stellvertretenden Leiter über das neue therapeutische Konzept gesprochen hat. In der letzten Sitzung wurde die für das Team wichtige Ebene der

>Arbeits-Gruppe< möglich indem gemeinsam an einer realitätsbezogenen Sicht der Dinge gearbeitet wurde. “Alle übernehmen Verantwortung und es kommt Zuversicht auf: Die Lage ist ernst, aber nicht hoffnungslos.” An dieser Stelle weist Heltzel auf die tatkräftige Unterstützung der Leitung hin, ohne die das nicht zu bewerkstelligen wäre.

Wie sah hier die Konfliktbearbeitung aus?

Der Konflikt hatte mindestens zwei Enden, zum einen die Erstarrung des neuen Teams aufgrund der Umstrukturierung mit unklarem Ausgang und zum anderen damit zusammenhängend die Wut und der Ärger auf die Leitung. Dies zusammen führte zu einer massiven Beeinträchtigung der Arbeitsfähigkeit des Teams und der Leitung. In der ersten beschriebenen Sitzung ließ sich der Supervisor von der Hoffnungslosigkeit und der lähmenden Wut des Teams bis zur Arbeitsunfähigkeit anstecken. Rettung brachte die mutige neue Mitarbeiterin, die Team und Supervisor quasi rettete und durch ihre Aktivität ein Lebenszeichen setzte. Was wäre geschehen, wenn sie nicht wie der Phönix aus der Asche aufgetaucht wäre? Oder: Konnte sie nur auftauchen, weil der Supervisor seine Hilflosigkeit nicht durch Aktionismus zu überwinden suchte?

Es ist nicht zu übersehen, dass der Supervisor keine Berührungsängste hat, die Leitung aktiv einzubeziehen. In ihrer Abwesenheit erarbeitet er mit dem Team eine Strategie, um das vermeintliche Informationsdefizit auszugleichen (Info-Tag). Dies wird von der Leitung zwar abgelehnt, vom Supervisor aber als >Diskrepanz< in der nächsten Sitzung veröffentlicht. Die so entstandene Spannung scheint es zu erlauben, dennoch über Gestaltungsmöglichkeiten der Supervisanden zu sprechen und Vereinbarungen gemeinsam mit der Leitung zu treffen (Hausordnung auf Probe). In einer abschließenden (oben zitierten) Intervention erklärt der Supervisor die erlebte Hilflosigkeit und den durch die Umstrukturierung entstandenen Ärger als verständlich, da den Mitarbeitenden aufgezwungen.

In seiner Selbstreflexion sichert sich Heltzel durch die Bion‘sche Theorie der Grundannahmen ab. Er stellt auf dieser Folie fest, dass es ihm und den Beteiligten gemeinsam gelungen ist, wieder auf der Ebene der >Arbeits-Gruppe< anzukommen und damit arbeitsfähig zu sein, d.h. das regressive Stadium der Abwehr und Erstarrung verlassen zu haben.

3. Eine Mitarbeiterin im Team wird ausgegrenzt

Der psychoanalytische Supervisor Michael Wolf schildert eine Sequenz aus einem schon länger laufenden Teamsupervisionsprozess, der sich "durch chronische Teamkonflikte vor allem um die Leitungsfunktion" auszeichnet. Sein Artikel, aus dem ich zitiere, heißt >Stellvertretende Deutung und stellvertretende Leitung<. Es geht ihm darum zu zeigen, wie der Supervisor "sowohl mit stellvertretenden Deutungen der dynamischen Zusammenhänge von Arbeitsfeld beziehungsweise Klientel, Teamgruppe und Institution arbeitet als auch defizitäre Steuerungs-, Entscheidungs- und Leitungsfunktionen des Teams fördert und sie in der Supervision modellhaft wahrnimmt und so indirekt hilfsweise und auf Zeit stellvertretende Leitungsfunktionen darstellt."

Das beschriebene Team ist bei einem kleinen Verein angestellt, das Jugendliche sozialpädagogisch betreut. Es zeichnet sich dadurch aus, dass es einerseits relativ große Gestaltungsautonomie hat, andererseits sich aber marktkonform verhalten muss, um ausreichend Finanzmittel und Klienten zu bekommen. In letzter Zeit ist das Team erheblich expandiert.

Wolf beschreibt eine Sitzung, die mit einem Konflikt beginnt: Eine Mitarbeiterin (A) will auf der morgigen Vorstandssitzung, an der alle Mitarbeiter teilnehmen, verkünden, dass man nicht mehr mit ihr in der Gärtnerei arbeiten wolle, das stattdessen zwei andere Mitarbeiter (Frau B und Herr C) dort arbeiten wollen, sie das aber nicht akzeptieren könne.

Frau B bekräftigt, dass man mit Frau A nicht arbeiten könne. Diese ihrerseits äußert den Verdacht, dass man in der Supervision während ihrer Abwesenheit etwas Diffamierendes und Entwertendes über sie geäußert habe. Der Supervisor widerspricht und korrigiert, dass durchaus Kritik und Ärger über ihre Arbeit geäußert wurde, dann aber auch die Punkte konkret benannt worden seien. "Sie kommt nun darauf zu sprechen, dass jedenfalls Respekt wichtig sei, dann könne man auch Kompromisse schließen. Ich (der Supervisor) hätte ja etwas angedeutet von Arrangieren und Kompromissbildung, die bei der Zusammenarbeit immer nötig sei, um Polarität, wenn sie einmal besteht, wieder aufzulösen."

Darauf fragt Herr C, ob das denn überhaupt mit dem Vorstand besprochen werden müsse und ob man das nicht im Team lösen könne. An dieser Stelle schaltet sich die Leiterin des Teams ein. (Von der bisher noch keine Rede war. Ich (H.P.) ging eher davon aus, dass es sich um ein leiterloses Team handelt.) Die Leiterin schlägt einen Kompromiss vor, der Frau A ermöglicht im Team zu bleiben, aber einen anderen Arbeitsplatz etwas außerhalb allein zu übernehmen, denn es müsse eh umstrukturiert werden. Frau A ist nicht ablehnend, möchte aber lieber an ihrem bisherigen Platz bleiben, worauf Herr C sie provozierend fragt, was sie denn nun eigentlich wolle. "Frau A schweigt nun gekränkt. Nach einer Intervention von mir (Supervisor) in dem Sinne, dass anscheinend auf beiden Seiten auch immer wieder heftigere Gefühle und Reaktionen aufkämen, was ja nur zu verständlich und auch legitim sei, meint sie aber, sie brauche einfach noch Zeit. Es geht ihr darum, das Gesicht zu wahren, ihre Position nicht gleich zu räumen, sondern noch zu verhandeln, um einen akzeptablen Rückzug antreten zu können. Wie sinnvoll und notwendig das ist, ist allen Anwesenden deutlich."

Der Autor merkt an dieser Stelle an, dass der Konflikt ausgeräumt sei, weil ein Teammitglied auf die anstehende Neuverteilung der Arbeit hingewiesen habe, während gleichzeitig Frau B. ihre alte "Position vertritt, die A muss raus, also Kündigung, Trennung, Scheidung." Seiner Meinung nach bahnt sich aber die Reintegration von Frau A und Team an und er fragt die Anwesenden, ob denn der Vorstand überhaupt zu einer Klärung gebraucht werde. Das Team reagiert darauf zwiespältig, einerseits muss der Vorstand die Entscheidungen mittragen, andererseits könne das Team Entscheidungen auch vorstrukturieren.

An dieser Stelle der Falldarstellung wird bekannt, dass Herr C neu in dieses Team integriert wurde und vorher in einer Außenstelle tätig war. Ich gebe dazu einen längeren Ausschnitt wieder: “Ich (Supervisor) verwende dabei auch Bilder, die mir dazu einfallen, wie >Zwangsarbeit< und >Sibirien<, Metaphern, die sich auch auf die Thematik Strafe beziehen, womit ein wichtiger Teil ihrer Arbeit bei der Resozialisierung Jugendlicher zu tun hat. Das trifft offenbar einen zentralen Punkt der Teamstruktur und ihrer Entwicklungsgeschichte. Die Atmosphäre wird nun ganz entspannt, es wird richtig lustig, alle lachen, und dann sagt der neue Mitarbeiter, Herr E, Herr C habe Frau A dann ja regelrecht verdrängt. Ich greife das umgekehrt auf: Es sehe vielleicht vordergründig so aus, weil er nicht mit Frau A zusammenarbeiten konnte und sie nicht mit ihm, aber es sei ja im Team immer so gegangen, dass einer integriert wurde und dann ein anderer verschoben und ausgegrenzt. Das sei anscheinend eine typische Art und Weise, wie bei ihnen mit solchen Problemen umgegangen werde, so wie bei ihren Klienten und schon in deren Familien, wo auch verschoben, verdrängt und ausgegrenzt werde, und vielleicht gäbe es nun wieder einen neuen Integrationsversuch, jetzt mit Frau A.

Nun überpurzeln sich gegen Ende der Sitzung die Dinge geradezu, es gibt eine Vielzahl neuer Einfälle. Es wird gefragt, was denn strukturell mit der Gärtnerei eigentlich los sei, und Frau B, die so vehement gegen Frau A vorgegangen ist, kann sagen, es sei natürlich auch ein Strukturkonflikt, es sei immer so gewesen, dass die Leute in der Gärtnerei Schwierigkeiten hatten und die Funktionen dort umstritten waren, und man könne und müsse überlegen, ob nicht die Gärtnerei überhaupt anders organisiert wird.” Der Supervisor schlägt dann eine Idee vor wie Frau A von der Zweigstelle aus mit der Zentrale verbunden bleiben könne. Die Idee wird aufgenommen. Schließlich kommt eine “ganz große affektive Wärme im Team auf, und man spürt deutlich, das Problem ist gelöst.” Der Vorstand muss nicht entscheiden, weil das Team selbst eine Lösung gefunden hat. Hier endet die Falldarstellung.

Der gesamte Teamsupervisionsprozess gliedert sich in vier Phasen, die ich hier gerafft wiedergebe.

Die *erste Phase* beschreibt Wolf als "Restrukturierung des Teams hinsichtlich der Wahrnehmung der Leitungsfunktion und der Arbeitsteilung sowie der Integration neuer Mitarbeiter und Mitarbeiterinnen ins Team." Wobei er den Eindruck erweckt als gäbe es keine Teamleiter, sondern als würde es sich um ein leiterloses Team handeln, das diese Funktionen unter sich ausbalancieren muss. Als zentrales Thema nennt er Misstrauen als Trauma und als "Kern des Teamkonfliktes". Auch hier bleibt offen worauf sich das Misstrauen begründet und um welches Trauma es sich handelt.

Die *zweite Phase* der Supervision war gekennzeichnet durch eine starke Fluktuation, teilweise ausgelöst durch Erziehungsurlaube der Männer. Themen der Kooperation bestimmen die Sitzungen, trotzdem wird es langsam möglich auch über die betreuten Jugendlichen mit ihren typischen Problemen zu sprechen.

In der *vierten Phase* schließlich kommt es zu einer Beruhigung der Teamstruktur, da Kooperationsformen gefunden und erprobt wurden. Eine "Steigerung des internen Konfliktlösungspotentials erfolgt wesentlich durch die Klärung und Anerkennung der internen Leitungsfunktion und der Abstimmung und Anerkennung einer Arbeitsteilung und Kooperation im Team, die optimal den fachlichen Kompetenzen, den persönlichen Ressourcen und der informellen Gruppenstruktur entsprechen."

Wie sah hier die Konfliktbearbeitung aus?

Wolf charakterisiert seine Supervision als *psychoanalytische*, weil der Supervisor die "psychoanalytischen Verständnistechniken der Spiegelphänomene, Übertragungsszenen und Gegenübertragungsreaktionen" nutzt, um die Teamkommunikation und Konfliktbearbeitung zu fördern. Anhand der Fallvignette wird deutlich, dass der verhärtete Konflikt - beide Parteien wollen nicht mehr zusammen arbeiten und der Vorstand soll entscheiden - einer Lösung zugeführt werden konnte, weil Supervisor und Team schon länger zusammenarbeiten und deshalb "starke affektive Spannungen" ausgehalten werden können. In einem längeren Prozess kann der Supervisor >mütterliche< Funktionen übernehmen, wie sie aus der Entwicklungspsychologie bekannt sind. Aber nicht nur das: er füllt im Team auch die Rolle eines *stellvertretenden kompetenten Leiters* auf Zeit aus, wenn diese Rolle – wie oft bei Teamsupervisionsanfragen - durch eine insuffiziente Leitungsfunktion gekennzeichnet ist.

Der Autor nimmt den angebotenen Konflikt, der an eine externe Entscheidungsstelle (Vorstand) delegiert werden sollte, auf und macht ihn zum Teamthema. Das auch deswegen, weil es hier schon es öfteren Ausgrenzungsversuche gab. Er stärkt die Position der ausgegrenzten Mitarbeiterin, indem er ihr versichert, dass in ihrer Abwesenheit nicht entwertend über sie gesprochen wurde. Die Wünsche, Gefühle und Bedürfnisse, die sich in der Polarität zwischen Frau A und Herrn C verbergen, bleiben indes unbearbeitet. Welche Kränkungen sind es, die zu der Eskalation geführt haben (die ja für das Team nicht neu zu sein scheinen)? Offensichtlich geht es um mangelnde Anerkennung, die sich in Wut und Ärger entladen, der so weit geht, dass eine Mitarbeiterin die Kündigung von Frau A ins Feld führt. Erst spät wird in der Falldarstellung davon gesprochen, das es auch eine Teamleiterin gibt, die aber offensichtlich sprachlos dabei sitzt und sich vermutlich freut, dass der Supervisor die Leitungsrolle übernimmt. Er bemüht sich alles gerade zu rükken, erinnert an Zeiten in denen man auch schon gute Lösungen gefunden habe und bringt selbst eine Idee ein, wie Frau A an ihrem neuen Arbeitsplatz befriedigt werden könnte. Das alles geschieht so, als ob die Teamleiterin gar nicht da wäre. Ein Kollusionsverdacht drängt sich auf: hier die hilflose Teamleiterin und da der zupackende Supervisor. Der vom Supervisor selbst vermutete Konflikt >Urvertrauen vs. Misstrauen< wird vermutlich so lange fortdauern und wieder auftauen wie die Teamleiterin sich ihrer Aufgabe entzieht und nicht ihre Stimme erhebt, um so Orientierung und Kommunikation als Kultur zu etablieren. Seine eigene Einschätzung ist, dass "durch die strikt durchgehaltene Allparteilichkeit des Supervisors" das Trauma des Teams, "ein objektivierbarer Anlass zu Misstrauen" dadurch in den Hintergrund trat.

Wir wissen nach wie vor nicht, worum es geht (können es auch aus Vertraulichkeitsschutz vermutlich nicht erfahren), machen uns aber trotzdem Phantasien, ob es vielleicht mit der "insuffizienten Leitungsfunktion" zusammenhängt. Der von einer Mitarbeiterin angesprochene Strukturkonflikt schließt u.U. auch die Teamleiterin ein. So gesehen wird man fragen müssen, ob die beiden Konfliktparteien nicht einen Stellvertreterkonflikt ausgetragen haben. Das wird bei eskalierten Konflikten zwischen Mitarbeitern per se immer der Fall sein, in diesem Falle aber um den Preis, dass der Totstellreflex der Teamleiterin unangetastet blieb bzw. vom Supervisor auch im Nachklapp nicht kritisch gesehen wurde.

4. Eine grobe Beleidigung in der Teamsupervision

Hermann Staats schildert eine für alle Beteiligten schwierige Situation einer Teamsupervision einer psychiatrischen Station.
In der beschriebenen Sitzung weint eine Krankenschwester, weil ihre Stationsleiterin in Anwesenheit einer Patientin zu ihr gesagt hat: "Ja, halluzinierst denn Du?" Als die weinende Schwester dies in der Supervision berichtet, kommt es zu einer Vorwurfslawine der Anwesenden gegenüber der Stationsleiterin. "Du stinkst – Du stinkst vor Doofheit" ist nur einer dieser Anwürfe an die Leiterin. Staats beschreibt, wie ihn diese Lawine in Not bringt: Soll er Partei für die Angegriffene ergreifen und sie schützen? Oder fühlt er sich gar selbst angegriffen als derjenige, der den Auftrag hat, für die Arbeitsfähigkeit des Teams zu sorgen? Vielleicht fühlt er sich auch bewertet, denn erstmals in dieser Sitzung nimmt die neue Oberärztin an der Supervision teil. Zu Anfang der Sitzung war dies Thema, ebenso das die bisherigen starren Stationsregeln sich ändern würden. Bei vielen Schwestern trägt dies zu einer Verunsicherung bei, sie äußern ihre Angst als "starr und altmodisch" dazustehen, befürchten aber auch Fehler machen zu können in der neuen Situation.

Der Supervisor vergleicht seine Situation mit der der Supervisanden: In der angespannten Situation geht die "Fähigkeit verloren, sich selbst von außen zu sehen und andere in der individuellen Sicht zu verstehen." Er zieht deshalb die Notbremse und interveniert mit einem

"Stopp hier!" und bittet um einen Moment des Innehaltens. In dieser eskalierten Situation der kollektiven Involviertheit ist noch kein Verstehen möglich. Er bittet dann die Supervisanden "noch einmal zurückzutreten, um besser zu verstehen, was gerade passiert ist." So versucht der Supervisor erst mal Wahrnehmungen zu bestätigen, Interaktionen in einen weiteren Rahmen zu stellen, um eher "lösungs- als verstehensorientiert" wieder einen Boden zu schaffen, der Regression zurückbildet. Einen Boden, der ein Verstehen zulässt. Er nennt es Mentalisieren, was bedeutet, mentale Zustände wahrzunehmen und zu kommunizieren. Mentale Zustände sind z. B. Gefühle, Stimmungen, Absichten, Wünsche, Ziele, Gedankengänge usw. Dazu bedarf es einer Offenheit nicht nur gegenüber eigenen, sondern auch fremden mentalen Zuständen.

Nach dieser "unspezifischen Intervention", die zuerst der Deeskalation und Wiederherstellung der Arbeitsfähigkeit dient, setzt der Supervisor nun "spezifische Interventionen" ein. Sie beziehen sich auf das Gesamtteam, die Angst vor der Umstrukturierung, die Angst Fehler zu machen usw. Dabei arbeitet ein Teil des Teams gut mit. Die geäußerten Beleidigungen greifen weder Team noch Supervisor wieder auf, es hätte vermutlich die negative Spirale nur erneut in Gang gesetzt.

Der Supervisor ist mit dem Verlauf so weit zufrieden bis zum Ende der Sitzung ein bisher schweigendes Teammitglied zur Stationsleiterin ärgerlich sagt: "Ich muss aber doch noch einmal sagen, wie völlig unmöglich ich eine solche Bemerkung finde, wie Du sie gemacht hast."

Der Supervisor fühlt sich um seinen Erfolg betrogen, fühlt sich selbst angegriffen und ärgert sich, dass er die schweigenden Mitglieder nicht aktiv angesprochen hat. Mit einer Abschlussdeutung versucht er alle Teammitglieder einzubeziehen: "Okay, es ist Ihnen wichtig, das noch einmal zu sagen. Vielleicht haben Sie da schon eine Weile drauf gesessen und sind froh, es noch hier losgeworden zu sein. Ich weiß allerdings nicht, wie es Frau B. (der Leiterin) damit jetzt am Ende der Sitzung geht. Wenn ich in ihrer Situation wäre, würde ich mich vielleicht so fühlen, als würde jetzt am Ende der Supervision noch mal so was wie Salz in meine Wunden gerieben."

In der nachträglichen Reflexion spürt der Supervisor seinen Ärger über den "Machtkampf" - wer beschließt die Sitzung? Er spürt auch die Identifikation mit der Stationsschwester. Ferner bedauert er, dass er die schweigenden Teammitglieder nicht aktiver einbezogen hat und durch das veränderte Setting aus den Augen verloren hat: Erstmals war die neue Oberärztin in der Supervision.

Wie sah hier die Konfliktbearbeitung aus?

Es ist nicht zu übersehen wie Supervisor und Team durch die Wucht der Eskalation überrascht werden. Durch die "Stopp hier!"-Intervention versucht der Supervisor die Ausbreitung des Feuers zu begrenzen und einen Raum zu schaffen, den er "mentalisieren" nennt, um die Situation aus einer gewissen Distanz zu betrachten. Das gelingt offensichtlich nur begrenzt, da einige Teammitglieder sich nicht äußern.

Mich wundert, dass der Kollege nicht gleich zu Beginn der Sitzung das neue Setting thematisiert hat. Erstmals nimmt die Oberärztin teil. Was wollten ihr die Teammitglieder mit dem gezeigten Drama sagen? Sie wird als die Protagonistin der Veränderung auf der Station gesehen, wenn ich es richtig verstanden habe. Sie ist damit in Persona die Auslöserin der Angst: Wie wird die neue Oberärztin mit den Schwestern umgehen: wertschätzend oder entwertend und nach Fehlern suchend?

Der Bericht lässt offen, wie die nächsten Sitzungen verlaufen sind. Von daher kann ich nur vermuten, dass die ‚vergessene' Oberärztin noch ausführlich zum Thema in der Supervision wird.

Fazit

Hätte in den beschriebenen Fällen die Integration von Mediation oder mediativen Elementen die Konfliktklärung zu einem schnelleren bzw. befriedigenden Abschluss bringen können?

Im *ersten Fall* sehe ich das Hauptversäumnis im Unterlassen der Auftragsklärung, was dazu führte das Team wie eine autonome Entität zu sehen und dadurch seine Abhängigkeit von der Institution zu übersehen. Es bleibt natürlich im Spekulativen, nichtsdestotrotz kann ich mir vorstellen, dass sich die Konfliktlinien verschoben hätten und zwar zwischen Teamleitung und den Sozialpädagoginnen. Auch im Rahmen der Teamsupervision wäre hier noch klärbar gewesen, welchen Arbeitsauftrag haben die Mitarbeiterinnen und welche Ressourcen stellt ihnen die Institution zur Verfügung. An dieser Stelle hätte sich vermutlich ein *nichtbalancierter Widerspruch* (Heintel, s.o.) aufgetan, weil die Ansprüche der Mitarbeiterinnen an ihre Arbeit mit denen der Institution nicht kompatibel sind. Würde die verantwortliche Führung an der Teamsupervision teilnehmen, könnte hier der Konflikt aufbrechen und u.U. sinnvoller Weise auch mittels Mediation verhandelbar sein.

Im *zweiten Fall* würde ich den Einsatz von Mediation als künstlich dazugefügt sehen. Während wir es im *dritten Fall* mit einer massiven Kränkung der Mitarbeiterin A zu tun haben. Sie wird vom neuen Kollegen C aus ihrer alten Position verdrängt, der zusammen mit der Kollegin B an ihrer bisherigen Stelle arbeiten möchte. Mit Blick auf die oben gemachten Konfliktdefinitionen können wir hier einen *Dreieckskonflikt* annehmen: Entweder als *Koalitionskonflikt* (zwei gegen eine) oder als *Rivalitätskonflikt*, wenn zwei Mitarbeiter um die Gunst ihrer Leitung rivalisieren, die in diesem Falle ja auffällig zurückhaltend war. Ich denke, dass es spannend gewesen wäre die angesprochene "massive Kränkung" mediatorisch zu klären, da wir aus Erfahrung wissen, dass unbearbeitete Kränkungen im Untergrund weiterwirken und an Stellen wieder aufbrechen, wo man es gar nicht erwartet.

Auch im *vierten Fall* geht es um eine massive Beleidigung, die auch im Laufe der Supervisionssitzung nicht aufgearbeitet werden kann. Nun sollte man von einer Sitzung keine Wunder erwarten. Dennoch stellt sich hier die Frage, ob die unterbrochene Kommunikation nicht durch eine entschleunigte Mediationsphase schneller und nachhaltiger hätte wieder hergestellt werden können.

Kapitel VIII

Supervision und Mediation im Doppelpack: Das Patchworkmodell (Fallbeispiele)

Neben den bereits in vorherigen Kapiteln angeführten Beispielen für die Koppelung verschiedener Beratungsverfahren (Supervision - Mediation, OE-Mediation) stelle ich Ihnen hier nun weitere Beispiele zur Illustration und Anregung vor.[76] Dabei sind drei Fälle aus meiner Praxis und das letzte von Günther Möller.

1. Leitungssupervision und Mediation

In diesem Fall hatte der Geschäftsführer (GF) eines Unternehmens einer gemeinnützigen Pflegeeinrichtung angefragt. Er wünschte Supervision für das Leitungsteam, bestehend aus ihm, seiner Stellvertreterin, der leitenden und stellvertretenden Pflegedienstleitung.

Im ersten Klärungsgespräch stellte sich Folgendes heraus: Anlass für die von allen gewünschte Beratung war ein zerrüttetes Vertrauensverhältnis zwischen dem GF und seiner Stellvertreterin sowie massive Spannungen mit den Pflegedienstleiterinnen. Das bisher vertrauensvolle und von gegenseitiger Achtung getragene Arbeitsklima hat sich zu dem Zeitpunkt verändert als der Träger mit einem anderen fusionierte und sich dadurch die Stellung des Geschäftsführers in der Gesamtmatrix der Organisation veränderte. Informationen, wie bisher üblich, konnte er nicht mehr so ungefiltert weitergeben, mit der Folge, dass die übrigen Kolleginnen zunehmend misstrauischer ihm gegenüber wurden.

Deutlich wurde, dass die Konfliktqualitäten unterschiedlicher Natur waren:

1. Eine Konfliktlinie vollzog sich zwischen GF und seiner Stellvertreterin. Wobei sich zeigte, dass die Stellvertreterin aufgrund der Umstrukturierung in ihren Kompetenzen auf ihr ursprüngliches Aufgabengebiet zurückgestuft wurde. Angestellt wurde sie als Verwaltungsleiterin, die Stellvertretung fiel nun an einen Kollegen aus der neuen Gesamtorganisation. Das Misstrauen und die massive Kommunikationsstörung zwischen beiden belastete den gesamten alten Betrieb aufgrund des angespannten Klimas, teilweise kam es auch zu Spaltungen in der Mitarbeiterschaft.

2. Die beiden Pflegedienstleiterinnen litten besonders unter der angespannten Konfliktsituation, da ihr Verhältnis zu ihren Pflegekräften dadurch stark belastet war und bereits zu einem merklich höheren Krankenstand führte. Die Spannungen auf der direkten Leitungsebene hatten sich inzwischen wie ein Krebsgeschwür auf die gesamte Kollegenschaft ausgebreitet.

Konsens zwischen allen bestand dahingehend, dass der Zustand "unerträglich" sei und schnell etwas passieren müsse, damit die Situation nicht weiter eskaliert. Ich schlug deshalb folgendes vor:

1. Mediation für den GF und die Verwaltungsleiterin
2. Einen Supervisionstermin für die beiden Pflegedienstleiterinnen parallel
3. Danach eine gemeinsame Leitungssupervision bzw. Leitungscoaching

Überlegungen zum vorgeschlagenen Beratungsformatemix:

Ausschlaggebend das o.g. Procedere so vorzuschlagen war meine Leitidee, dass wir erst die Arbeitsfähigkeit – und d.h. konkret die Kommunikation – wiederherstellen müssen, bevor reflexive oder strukturelle Interventionsverfahren greifen können. Mediation verstehe ich in diesem Zusammenhang wie eine Notoperation, der nach dem Gelingen weitere stabilisierende und nach Ursachen forschende und verändernde Maßnahmen folgen. Notoperation meint, dass wir erst wieder eine notwendige kommunikative Basis schaffen müssen, auf der dann weiter gearbeitet werden kann. Besteht diese kommunikative Basis nicht oder aktuell nicht mehr – was häufig vorkommt – verpuffen gutgemeinte supervisorische Interventionen oder fachen einen Konflikt ungewollt sogar an.

Die beteiligten Leitungskräfte waren mit dem vorgeschlagenen Procedere sofort einverstanden. Im Sinne der gern zitierten Komplexitätsreduktion sahen auch sie die Möglichkeit so schneller zu tragfähigen Ergebnissen und Veränderungen zu kommen. Die Pflegedienstleiterinnen ihrerseits waren erleichtert, dass sie in den Leitungskonflikt zwischen GF und Verwaltungsleiterin nicht weiter involviert werden. Denn sie spürten deutlich die Tendenz sich einer Seite "zuschlagen" zu müssen. Während die beiden Leiter die Chance für sich sahen in einem geschützten und begrenzten Rahmen ihre bisher gute Arbeitsgrundlage neu zu gestalten.

Im Sinne der Gleichbehandlung habe ich den beiden Pflegedienstleiterinnen eine Supervisionssitzung angeboten, die sie gerne in Anspruch genommen haben, um ihr Verhältnis zueinander und zu ihren Kollegen abzustimmen.

Leitungsmediation

Es fanden 3 Sitzungen á 2 Stunden Mediation mit dem GF und seiner Stellvertreterin statt. Den für dieses Verfahren typischen Schwerpunkt bildeten die gegenseitigen Verletzungen und Kränkungen, die die organisationelle Veränderung nach sich zog. Der GF war insbesondere darüber enttäuscht, dass seine Kollegin nicht nachvollziehen konnte, dass mit der notwendigen Fusion das Überleben des Trägers gesichert werden konnte, er dadurch aber in eine komplexere Struktur eingebunden war, die es nicht mehr erlaubte, ungefiltert über alle geschäftlichen Vorgänge zu berichten. Er wünschte sich, dass sie auch seine neuen Abhängigkeiten sehen und verstehen kann. Sie ihrerseits fühlte sich geschnitten und bei wichtigen Vorgängen im Regen stehen gelassen, die sie aber umsetzen musste. Sie wünschte sich im Rahmen des Möglichen wieder von ihm informiert zu werden und vor allem ernst genommen zu werden. In ihrer nach wie vor engen räumlichen Zusammenarbeit hatte sie oft das Gefühl, von ihm geschnitten zu werden. Ohne hier die einzelnen Phasen zu beschreiben, war es in der 3. Sitzung möglich, eine tragbare Vereinbarung zu treffen, die die Zusammenarbeit der beiden neu geregelt hat.

Zurück zur Leitungssupervision

Auf dieser neuen einvernehmlichen Lösung und kommunikativen Arbeitsbasis fanden drei weitere Sitzungen mit allen vier Leitungskräften beider Hierarchieebenen statt. Von allen Beteiligten wurde konstatiert, dass sich das Arbeitsklima in der Organisation deutlich entspannt hatte. Nun ging es um den Umgang mit den Auswirkungen, die der Zusammenschluss beider Betriebe für die einzelnen und das ehemalige Leitungsteam insgesamt bedeutete. Nicht mehr zu leugnen war, dass sich die Organisationskultur und damit auch die ursprünglichen Leitideen dieser besonderen Pflegeeinrichtung nicht mehr halten ließen. Unter dem ökonomischen Druck der Pflegefinanzierung war die intensive Pflege nicht mehr zu realisieren. Dies bewog die Pflegedienstleiterin zu kündigen. Sie konnte ihre Stelle aber aufgeben, ohne wie zuvor, den GF für die schlechteren Bedingungen allein verantwortlich zu machen.

2. Mediation innerhalb einer Teamsupervision

In einer therapeutischen Klinik habe ich einen längerfristigen Teamentwicklungsprozess durchgeführt. Ziel war es, die Kooperation innerhalb eines relativ neuen Teams zu begleiten und zu stabilisieren. Dabei ging es z.B. um die Rollenfindung verschiedener Berufsgruppen und deren Zusammenarbeit im Alltag, die Klärung der Leitungsrolle und die Feinabstimmung des therapeutischen Konzeptes.

In einer Sitzung wurde gleich zu Anfang ein massiver Konflikt zwischen der Team-Ärztin und der Beschäftigungstherapeutin von beiden benannt. Ihre Zusammenarbeit sei massiv gestört, beide hätten das Gefühl von der Anderen nicht anerkannt zu werden.

Um die Arbeitsfähigkeit des Teams wieder sicherzustellen, schlug ich beiden eine Mediationsphase vor. Beide stimmten ein, da sie an einer schnellen Lösung interessiert waren, der Zustand war für beide unerträglich. Ich erklärte das Verfahren und die Vorgehensweise.

Auch die anderen Teammitglieder stimmten zu. Ich gestalte das Setting dann so, dass ich die Mediation an einem Ende des Raumes mit den Konfliktparteien durchführe. Währenddessen ziehen sich die übrigen Teilnehmer in die andere Seite des Raumes zurück. Die Vereinbarung mit ihnen geht dahin, dass sie sich das Ganze schweigend anschauen. So haben wir in einem Raum quasi zwei Bühnen: Den Berater und die Konfliktbeteiligten auf einer Bühne und die anderen Teammitglieder auf der anderen.

Als Konflikt nannten beide aus unterschiedlicher Sicht, dass sie sich in ihrer Rolle nicht von der Anderen anerkannt fühlten. Sie zogen sich beide so gut es ging gekränkt zurück und mieden gemeinsame Kontakte.

Daraus resultierte der Wunsch nach Anerkennung und einem respektablen Umgang. Dazu muss man wissen, dass das Thema Anerkennung in Kliniken immer ein Thema ist. Aus mir bisher noch verschlossenen Gründen scheint es immer so zu sein, dass die sogenannten "nichtsprachlichen Therapeuten" (Musik-, Sport-, Ergo-) immer im Keller ihre Arbeit verrichten und die Ärzte in den besseren Räumen im 1. Stock. Dadurch bekommt die Hierarchie auch ihren sinnlichen Ausdruck.

Ich kürze die Mediationsphase von ca. 60 Minuten hier etwas ab, um zu der beschlossenen Vereinbarung zu kommen. Sie umfasste 7 Punkte:

1. Die Beschäftigungstherapeutin fragt in Teambesprechungen von sich aus nach und berichtet von sich aus von ihren Patienten.
2. Die vorgesetzte Ärztin spricht die Beschäftigungstherapeutin freundlich an.
3. Die Beschäftigungstherapeutin zeigt Verständnis für die Situation der Vorgesetzten.
4. Die Beschäftigungstherapeutin bringt sich mehr ins Team ein (Teilnahme an den "Kaffeerunden").
5. Die Vorgesetzte zweifelt die Fachkompetenz der Beschäftigungstherapeutin nicht an.
6. Sofortiges Aufeinanderzugehen bei Störungen.
7. Überprüfung der Vereinbarung in der nächsten Teamsupervisionssitzung.

Zum Abschluss gratuliere ich beiden zu ihrer Übereinkunft und lasse sie aus symbolischen Gründen auf dem Flipchart unterschreiben. Danach nehmen wir wieder alle im Kreis Platz. Die zuhörenden KollegInnen können kurz etwas dazu sagen, wenn es ihnen sehr wichtig ist. Mein Anliegen ist es, hier den Ball flach zu halten, um kein neues Konfliktfeld auf Kosten der beiden Protagonistinnen zu eröffnen.

Ich kann mir vorstellen, dass die Leserin und der Leser über die Form der Vereinbarung überrascht ist. Vielleicht erscheinen Ihnen die Punkte als sehr banal. Wichtig aber ist, dass die Konfliktbeteiligten darin übereinstimmen und hierin eine Lösung ihres Konfliktes sehen. Die Vereinbarung entspricht auch nicht den Mediationsstandards nach Klarheit und Eindeutigkeit. Auf diese Kriterien zu achten ist insofern wichtig, weil sich daraus neue Konflikte ergeben können. Steht beispielsweise "regelmäßiges Treffen" in der Vereinbarung, kann das für den einen jeden Morgen bedeuten, um den Tagesablauf abzustimmen und für den anderen ein mal im Monat. Nun ist diese Vereinbarung kein Musterbeispiel dafür, denn sie hat auch Appellcharakter. In solchen Fällen frage ich nach, welches Verständnis beide davon haben und verlasse mich auf mein Gefühl. Besonders wichtig in diesem Falle schien mir zu sein, dass die Ergotherapeutin in Zukunft beim Kaffeeklatsch zum Wochenende auf der Station teilnimmt. Solche kurzen informellen Treffen haben für die Teamkultur eine große Bedeutung. Die Ärztin war erleichtert, dass sie der Kollegin nicht mehr die "Berichte über ihre Patienten aus der Nase ziehen muss". Auf der symbolischen Ebene haben beide für das Team ganz sicherlich einen latenten Hierarchiekonflikt ausgetragen, denn größer könnte die Spanne zwischen den Berufsgruppen nicht sein. Symbolisch sind aber auch beide ein Stück zusammen gerückt. Die Ergotherapeutin, indem sie auf der Station an den Kaffeerunden teilnimmt und die Ärztin, indem sie den Mut hat sich vor den Mitarbeitern mit ihren Kränkungen und Wünschen zu offenbaren. Und das ganze in einem recht patriarchalisch geführten Haus.

In der darauffolgenden Sitzung, 6 Wochen später, wurde die Vereinbarung hinsichtlich ihrer Wirkung und Realisierung überprüft. Dieses gemeinsame Wissen um die Nachfrage nach dem Vereinbarten kommt nach meinem Gefühl auch eine symbolische Bedeutung zu. Wie oft erfährt man, dass Versprechen nicht eingehalten werden. Hier aber gibt es die Zusicherung, die die Ernsthaftigkeit des Mediators symbolisiert, gleichzeitig bleibt ein unsichtbares Band zwischen ihnen bestehen, wenn es nicht klappt, wird nachverhandelt.

Und siehe da: Für beide Seiten hatten sich die Wogen und Kränkungen geglättet. Sie waren in der Lage die dienstlich wichtigen Dinge zu besprechen. Die nicht direkt beteiligten Teamkollegen waren nach dieser ersten Phase der Mediation sichtlich erleichtert. Denn auch für sie lag der Konflikt wie ein dicker Nebel über ihrer Zusammenarbeit und wirkte sich in erster Linie atmosphärisch als schlechtes Betriebsklima aus.

3. Mediation nach einer Teamsupervision

Hier handelt sich um eine kleine psychiatrische Einrichtung, die Jugendliche und junge Erwachsene in Wohnungen und einem Heim betreut. Bei dem hier beschriebenen Team geht es sich um den ambulanten Bereich, jeweils 2 Sozialpädagogen bilden ein Tandem. Ich schildere den Fall in seinen verschiedenen Entwicklungsstadien.

Kontaktaufnahme: Telefonisch wendet sich ein Teammitglied auf Empfehlung einer Supervisionskollegin an mich. Die Kollegin hat bisher vornehmlich Fallsupervision durchgeführt und empfiehlt aufgrund eines massiven Konfliktes zwischen Team und Geschäftsführung (GF) eine Teamentwicklungssupervision. Das Teammitglied sagt am Telefon, dass die Geschäftsführerin gemeinsame Gespräche bisher abgelehnt habe. Ich vereinbare mit der Anruferin, dass ich vor weiteren Verabredungen erst mit der Geschäftsführerin sprechen möchte.

Die Teamvorgesetzte von Beginn an mit ins Boot zu holen liegt in diesem Falle auf der Hand, denn sie wurde von dem Teammitglied als Konfliktbeteiligte ins Feld geführt. Aber auch ohne dass dies der Fall wäre, ist es unser Anliegen als Berater den Dreieckskontrakt – wie in Kapitel V beschrieben - zu konstituieren. In diesem Fall verstärkte sich mein Wunsch nach umgehender Kontaktaufnahme mit der mir noch Unbekannten dritten Seite, weil ich ein unterschwelliges Bündnisangebot der Anruferin wahrnahm nach dem Motto "Die böse Geschäftsleitung verweigert mit uns dem gutmeinenden Team den Kontakt."

Anruf bei der Geschäftsführerin: Als ich der Geschäftsführerin sagte, dass mich das Team angefragt habe, ist sie nicht überrascht, denn die vorige Supervisorin habe eine gemeinsame Beratung mit dem Team empfohlen. Auf meinen Hinweis, dass das Team meinte, sie und das Team würden nicht richtig kommunizieren können, äußerte sie Empörung. "Dafür ist ja die gemeinsame Supervision vereinbart worden. Das hat die Supervisorin ausdrücklich empfohlen!" Bei mir bleibt Irritation zurück: Stimmt die Aussage oder nicht?

Da ich es in diesem Falle nicht nur mit zwei Auftraggebern, sondern auch mit zwei Hierarchieebenen zu tun hatte, schlug ich intuitiv getrennte Erst-Gespräche mit der Geschäftsführerin und dem Team vor. Ausschlaggebend dafür war die unterschiedliche – ja gegensätzliche – Einschätzung bzgl. der Gesprächsbereitschaft. Mein Wunsch war, mir in dieser Konfliktsituation zuerst einen Überblick zu verschaffen und Kontakt zu den Beteiligten herzustellen.

Die Geschäftsführerin findet das alles viel zu kompliziert: "Wir können uns doch miteinander hinsetzen, das ist doch ganz einfach. Außerdem hat die vorige Supervisorin dies ja auch ausdrücklich vorgeschlagen."

Mich überrascht die scheinbare Leichtigkeit mit der die Geschäftsführerin diesen offensichtlich eskalierten Konflikt klären möchte. Mir ist die vorige Supervisorin aus einem anderen Kontext bekannt und ich kann mir nicht vorstellen, dass sie so ohne weiteres eine Beratung weitervermittelt. Also versuche ich am Telefon die Geschäftsführerin davon zu überzeugen, dass ich zuerst mit ihr und dann mit dem Team Kontakt aufnehmen möchte. Sie beharrt aber auf einem ersten gemeinsamen Gespräch. "Das sei doch alles gar nicht so kompliziert."

Hier muss ich mich entscheiden: Lasse ich mich darauf ein oder lehne das Angebot zur Beratung ab. Der Reiz, die Beteiligten kennen zu lernen, gibt den Ausschlag mich darauf einzulassen. Und außerdem ist da ja noch die Empfehlung der Supervisionskollegin.

Bei mir steigt dennoch ein gewisser Angstpegel, dass die Sache entgleiten könnte. Während die Geschäftsführerin alles als so einfach ansieht, äußert zumindest ein Teammitglied, dass der Kontakt zu ihr abgerissen sei. Meine Befürchtung ist, dass gleich beim ersten Zusammentreffen der Konflikt ausgebreitet werden könnte, mit der Folge, dass er eskaliert ohne bearbeitet werden zu können, obwohl der Wunsch geäußert wurde. Weder kenne ich die Beteiligten noch sind beide Hierarchieebenen in Kontakt. Dass es "ganz einfach" ist, kann ich mir jedenfalls nicht vorstellen, denn dann hätte die Kollegin den Fall sicherlich nicht abgegeben.

Um dennoch einen Rahmen zu sichern, schicke ich der Geschäftsführerin folgende mail:

Sehr geehrte Frau K.,
Ich möchte - wie immer in solchen Erstkontakten - über das Treffen das Motto stellen >Sich gegenseitig kennenlernen<, um zu verdeutlichen, dass es in diesem Rahmen nicht darum gehen kann bereits Konflikte zu lösen.
Themen können sein:

- *Was versteht der Berater unter Supervision?*
- *Was sind die bisherigen Supervisionserfahrungen und was soll anders werden?*
- *Ausloten von Möglichkeiten zur Gestaltung eines neuen Supervisionssettings*

Ich hoffe, damit auch Ihre und die Interessen der TeammitarbeiterInnen getroffen zu haben.
Ich freue mich auf das Treffen und verbleibe bis dahin
mit besten Grüßen
Harald Pühl

Wenn nicht sicher ist, ob und wie Berater und ratsuchendes Klientensystem zusammen arbeiten können – was eigentlich immer zu Beginn der Fall ist - schlage ich ein solches erstes Info-Gespräch vor. Infogespräch bedeutet für mich, dass noch keine Vereinbarung über einen möglichen Kontrakt geschlossen wird, sondern dass wir uns langsam vortasten. Konkret heißt dass, dass ich mich vorstelle incl. meiner Beratungserfahrungen und möglicher Beratungsstrategien und dass die Ratsuchenden sich und ihr Anliegen präsentieren.

Dies ist ein sensibler Prozess. Hier entscheidet sich, ob beide Seiten den Eindruck gewinnen, sie können sich verständigen und eine gemeinsame Sprache finden. Dies ist die Voraussetzung, sich auf den Weg zu machen, an dem Beratungskontrakt weiter zu stricken und sich über unterschiedliche Sichtweisen auszutauschen. Mir geht es darum, den nötigen Raum und Zeitrahmen auszuhandeln, der nötig ist, um das Klientensystem kennen zu lernen ohne sofort in eine angebotene Konfliktbearbeitung einzusteigen.

Infogespräch mit der Geschäftsführerin und dem Team *(1 Std. in meinem Institut):* Die Geschäftsführerin ist bei diesem ersten Kontakt krank. Es stellt sich für mich überraschend heraus, dass es auch einen Stellvertreter gibt: Herrn H. Er hat seit kurzem die fachliche Leitung für das Team übertragen bekommen. Vorher war er ebenfalls Betreuer, und zwar im stationären Bereich. Das Team setzt sich aus 4 Männern und 4 Frauen zusammen, die psychisch Kranke in ihren Wohnungen betreuen.

Als gemeinsame Themen vom Fachlichen Leiter und dem Team werden genannt:

1. Die unklare Rolle des Stellvertreters: Es gibt keine Abgrenzung in den Aufgaben zur Geschäftsführerin. Die Teammitglieder fühlen sich von ihm nicht gut verstanden, da er den ambulanten Bereich aufgrund seiner Erfahrungen im Heim nicht kenne.
2. Das Mitarbeiterteam setzt sich aus unterschiedlichen Kulturen zusammen: Ein Teil war immer schon beim Träger beschäftigt, ein anderer Teil wurde aufgrund einer bezirklichen Umstrukturierung von einem anderen Träger übernommen.
3. Seit fast 2 Jahren gibt es einen verhärteten Konflikt zwischen 2 Mitarbeitern, der auch in der vorigen Supervision nicht gelöst werden konnte und die Energie des gesamten Teams blockiert.
4. Ferner sind zwei Mitarbeiter schon sehr lange krank (Depression und Sucht).

Mir wurde da in sehr kurzer Zeit eine breite Konfliktpalette angeboten. Zu dem ursprünglich genannten Konflikt sind noch mindestens drei weitere hinzugekommen.

Mein anfänglicher Wunsch nach getrennter Kontaktaufnahme zum Team und zur Geschäftsführerin hat nach dieser Sitzung neue Nahrung bekommen. Begünstigend kam hinzu, dass sie bei diesem Termin krank war, so dass sich das Vorgehen ihr gegenüber besser begründen ließ. Es ist nicht auszuschließen, dass ihr Krankwerden ein unbewusstes Entgegenkommen auf mein hartnäckiges Nachfragen war. Durch das Krankwerden konnte sie auf mein Angebot ohne Gesichtsverlust eingehen.

Als nächsten Schritt schlug ich deshalb zum Schluss dieser Info vor, zuerst ein Gespräch mit der Geschäftsführerin und ihrem Stellvertreter zu führen und dann ein Gespräch mit dem Team. Das fand die Zustimmung der anwesenden Beteiligten.

Sondierungs-Gespräch mit GF und Stellvertreter *(1 Std. in der Organisation):* Der Stellvertreter hatte der GF von dem Erstkontakt berichtet. Als ich sie anrief, stimmte sie widerwillig ein. Das Gespräch fand dann aber kurz darauf in ihrem Büro der Geschäftsstelle statt, und zwar zusammen mit ihrem Stellvertreter. Die Gesprächsatmosphäre war trotzdem sehr offen, so dass ich auch ansprechen konnte, dass ich mit ihr nicht ums Vorgehen rangeln möchte, sondern dass es mir darum geht, dass der Konflikt so gelöst wird, dass sie zufrieden ist und ich alles dafür tun werde, dass er nicht weiter eskaliert.

Die GF ist daraufhin sehr offen und nennt ihrerseits 3 Konfliktthemen:

1. Eine alte Personalbesetzung, die sie entschieden hat (aber eben nicht basisdemokratisch wie bisher – es ging um die Wiederkehr einer Schwangerschaftsvertretung) und die immer noch konflikthaft zwischen ihr und dem Team schwelt.
2. Den Konflikt zwischen zwei Männern und
3. zwei dauerkranke Mitarbeiter (Depression und Sucht)

Einer anschließenden Sitzung mit mir und dem Team stimmt sie zu, um dann im nächsten Schritt eine gemeinsame Sitzung zu haben.

Sondierungs-Gespräch mit dem Team *(2 Std.):* Die MitarbeiterInnen nennen als zentrale Themen für sie folgende belastende Konflikte:

1. Den Umgang mit den beiden dauerkranken Kollegen, die vermutlich eine Alkoholproblematik haben. Sie fühlen sich diesen alten Kollegen emotional verbunden, sind aber hilflos im Umgang mit ihnen, z.B. wenn einer nachts bei einer alten Kollegin anruft und sein Leid klagt. Sie fühlt sich dann mit ihm im Bündnis, weil er ihr eine

Schweigepflicht auferlegt, sie kann sich nicht abgrenzen und kann ihren Ärger nicht loswerden.

2. Ein Konflikt zwischen zwei Männern, der schon über zwei Jahre mehr oder minder stark wirkt und auch in der bisherigen Supervision nicht bearbeitet werden konnte. Der Konflikt liegt wie ein dicker Nebel über dem Team. Er kostet alle viel Kraft und frisst Energie. Die Atmosphäre untereinander ist dadurch für alle schwer erträglich.

Ein großer Wunsch des Teams war es, die eigene Geschichte aufzuarbeiten. Zu meiner Überraschung kristallisierte sich dabei quasi so nebenbei als aktuelles Thema heraus, dass aufgrund von Zeitverträgen das Team in dieser Zusammensetzung gar keine gemeinsame Zukunft hatte. Einer der beiden ‚Konfliktmänner' überlegte z.B. zu kündigen, der andere hatte auch nur einen Zeitvertrag und wusste nicht, ob der verlängert wird. Unterm Strich kam heraus, dass nur die Frauen im Team eine gesicherte Zukunft hatten. Ich hatte eher den Eindruck, dass es um Abschied als um einen Neuanfang ging.

Gemeinsame Sitzung (3 Std.): Die Leitung aus Geschäftsführerin und Stellvertreter und die Teammitglieder kamen pünktlich zur Sitzung und waren bereit gleich loszulegen. In einer Themensammlung "Welches Thema liegt oben auf?" kristallisierte sich folgendes heraus:

- Beziehung des Teams zur Leitung (GF bzw. Stellvertreter) (5 Nennungen)
- Konflikt im Team (3)
- Kommunikationsverbesserung (3)
- Perspektive (1)

Das erste und am häufigsten genannte Thema war ja auch das der Anruferin. In der Sitzung konnten die Schnittstellen zwischen Team und GF und zwischen GF und Fachlichem Teamleiter (Stellvertreter) bearbeitet werden – zumindest aber so weit angerissen werden, dass GF und Projektleiter dies für sich weiter klären. Wer ist in der Leitung zuständig für was? Das Motto der MitarbeiterInnen ist: Ich gehe zu dem, von dem ich mir am meisten verspreche. Eine Absprache zwischen den beiden Leitern gab es bisher nicht.

Deutlich wird, dass hier ein Klärungsbedarf vorliegt, dies wird vor allem vom Stellvertreter so gesehen. Die GF sieht das in bekannter Form alles nicht so tragisch. Der Stellervertreter, neu in der Rolle, möchte mit ihr hier aber eine Klärung unter sich herbeiführen.

Wir befinden uns in diesem Falle noch im Stadium der Sondierung, aber da es sich um eine Art Krisenintervention handelt ebenfalls im beginnenden Stadium der Konfliktbearbeitung.

Bei der Auswahl des Themas habe ich mich nicht nur von den verteilten Punkten leiten lassen, sondern auch von meinem Motto: Bevor wir uns Beziehungsthemen anschauen, müssen wir Strukturthemen klären, damit möglichst wenig Vermischungen entstehen. Und nicht nur das, auch Konfliktverschiebungsprozesse in Organisationen gehören zum Alltag (s. Kapitel I). Damit meine ich, dass wir mit einem Klientensystem ein Problem bearbeiten, dass weder hier entstanden ist, noch hier gelöst werden kann. In der Auffassung darüber, wer der 'richtige' Klient der Beratung ist, können Berater und Organisation durchaus zu sehr unterschiedlichen Einschätzungen kommen, die sie dann gemeinsam verhandeln müssen. Ein gängiger Verschiebungsprozess ist der von der Führungsebene auf die Teamebene.

Diese Interpretation der Verschiebung bot sich auch im vorliegenden Falle an. Die Schnittstellen zwischen der Geschäftsführerin und ihrem neuen Stellvertreter waren mehr als diffus und sorgten bei den Teammitgliedern für Irritation, Ärger und Verunsicherung. Die nicht angegangenen Alkoholprobleme von zwei Kollegen waren sicherlich ein Fall mangelnder Führung.

Wie gesagt: Über die Einschätzung, wer der eigentliche Klient der Beratung ist, kann man zu unterschiedlichen Einschätzungen kommen. In diesem Falle hat der Stellvertreter das Thema aber aufgenommen. Hier zeigt sich, dass der Arbeitskontrakt – wie gesagt - immer eine Kompromissbildung zwischen dem Möglichen und diagnostisch "Richtigen" ist.

***Mediation der beiden Männer** (3 Std.):* In der folgenden Sitzung war der Wunsch über den schon lange schwelenden Konflikt im Team zu sprechen, und zwar zwischen den beiden Männern. Der Konflikt schluckte nach Übereinstimmung aller viel Energie und behinderte die Kooperation. Die GF wollte dies auch zum Thema machen, da der eine Kollege erstmals öffentlich seine Kündigungsabsichten geäußert hatte.

Auf Nachfrage, ob die beiden denn dies zum Thema machen möchten, kam eine halblaute Zustimmung. Ich schlug eine Mediation vor, erläuterte das Verfahren und wie ich es mir vorstellen konnte.

Um die Zusicherung bzw. Verantwortungsstruktur zu stärken, bat ich beide für sich allein in einen Raum zu gehen, um für sich nochmals zu überprüfen, ob sie es wirklich wollen. Denn vorher schon meinten sie, dass sie in der vorigen Supervision dies schon ohne Ergebnis versucht hätten. Sie entschieden sich beide für ein Ja.

Ich bat beide nach meinem oben beschriebenen Modell sich mit mir außerhalb des Kreises zu setzen und bat die anderen Teammitglieder und die Leitung als Beobachter sich bitte nicht einzumischen. Alle stimmten zu.

Die Konfliktpunkte wurden schnell genannt:

A: Nicht-Kommunikation (Grüßen, Hemmung B anzusprechen)

B: Mein Sagen wird nicht richtig verstanden (Einseitigkeit, kann nicht auf A eingehen)

Doch als es um den nächsten Schritt geht, den Blick unter die Oberfläche des Eisberges, gerät der Prozess ins Stocken. Das anfängliche >Ja< scheint ins Wanken geraten zu sein. Keiner der Beiden möchte sich offenbaren. Spontan bitte ich beide auf eine Moderationskarte eine Zahl zu schreiben, und zwar auf einer Skala von 1 bis 10: “Wie hoch schätzen Sie die Bereitschaft Ihres Kollegen ein, mit Ihnen zu einer Einigung zu kommen?” Dazu bitte ich beide, wiederum in getrennte Räume zu gehen und kurz zu überlegen. Als sie wieder kommen haben sie ihre verdeckten Karten in der Hand. Ich frage sie, ob sie sie aufdecken mögen. Kurzes Zögern – und dann das überraschende Ergebnis: Einer hat eine 6 und der andere eine 7 aufgeschrieben. Also im

Grunde ein gleiches Ergebnis. Die positive Überraschung ist beiden anzusehen.

Und so können wir weitermachen. Deutlich wird, dass sich beide vor dem anderen schützen müssen und keinen Weg finden, wie sie über Verletzungen und Kränkungen sprechen können. Rückzug war die beidseitige Strategie. Dabei spielen – wie häufig in Arbeitsbeziehungen – alte Verletzungen eine Rolle, die niemals aufgelöst wurden. So kann sich einer vom anderen abgelehnt fühlen, weil er bei seinem Arbeitsantritt das Gefühl hatte, nicht willkommen zu sein, während der andere den Neuen als Eindringling sah, der ihm seine vertraute Kollegin streitig machen möchte.

Im Rahmen der zur Verfügung stehenden zwei Stunden konnten schließlich erste Lösungsoptionen erarbeitet werden, die in zwei Punkten als Vereinbarung festgehalten wurden. Zwei weitere Optionen ließen sich nicht konkret formulieren. Da die vereinbarte Zeit verstrichen war, erklärten sich beide einverstanden bis zur nächsten Sitzung eine Formulierung vorzuschlagen.

Abschluss: Die Mediation wird in der nächsten Sitzung mit einer Vereinbarung beendet. Das nahm nur eine halbe Stunde in Anspruch. Jetzt kommt auch der Kreis der anwesenden Kolleginnen und die Leitung zu Wort. Sie fühlen sich erleichtert und können erstmals verstehen, was zwischen den Beiden los war. Vor allem sind sie erleichtert, weil sie sich nicht mehr so verfangen und schuldig in der Dynamik fühlen.

Die Frage bleibt, was noch offen ist. Die Dauerkrankheit der beiden Männer definiere ich als Thema für die Personalentwicklung und damit als Thema für die Leitung. Die Geschäftsführerin stimmt dem zu und sagt, dass bereits Maßnahmen eingeleitet seien. Zudem sei eine Vertretungskraft eingestellt worden, bis der Konflikt gelöst sei. Das Thema Kommunikationsverbesserung hat nach Meinung aller an Brisanz verloren. Durch die Mediation hat sich das Klima im Team entspannt und Geschäftsführerin und Team sind wieder im Gespräch.

Ich sehe noch Klärungsbedarf auf der Leitungsebene und schlage ein Leitungscoaching vor, zum einen um die Rollenschnittstellen besser zu klären und auch hinsichtlich einer Strategieberatung. Deutlich wurde nämlich – fast so nebenbei – dass sich der Finanzierungsmodus in Zukunft erheblich ändern wird und von daher Strukturveränderungen unausweichlich sein werden.

Fazit: Nun kann sich der Leser fragen: Warum gibt sich der Autor mit einem solchen Ergebnis zufrieden und bezeichnet es auch noch als erfolgreich? Nun, ganz sicher haben wir es hier mit mehreren angebotenen Konfliktebenen zu tun:

1. Einem Personalführungsdefizit: Augenscheinlich ist die Führung nicht in der Lage, das Thema "Stellenbesetzung" so zu gestalten, dass sich daraus ein jahrelanger Konflikt hinziehen kann. Ins Auge fallen ebenfalls die beiden Männer, die offensichtlich ein Drogenproblem haben und dadurch auf ungewisse Zeit dem Dienst fern bleiben.
2. Es taucht unverhofft ein Schnittstellenthema zwischen der Geschäftsführerin und ihrem Stellvertreter auf.
3. Der manifeste Konflikt zwischen zwei Teammitgliedern hat vermutlich zwei Niveaus, zum einen sind selbstverständlich die beiden Beteiligten aktiv Handelnde, andererseits stehen sie vermutlich für einen oder mehrere tiefergehende Organisationskonflikte, sprich Leitungs- bzw. Strukturkonflikt.
4. Das angesprochene und ebenfalls nicht bearbeitete "Kulturthema" könnte die Klammer für die vorherigen organisationellen Konfliktdynamiken sein: Der Verein befindet sich in den letzten beiden Jahren in einem nicht abgeschlossenen Veränderungsprozess, und zwar durch:
   - die Fusion mit einem anderen Träger;
   - die gewachsene Organisationskomplexität (Ausdruck dessen ist die Einrichtung der Position eines Stellvertreters)
   - und die veränderten Anforderungen an die Finanzgeber (Dokumentation u. dgl.).

Die vorgenommene Beschränkung auf die Konfliktbearbeitung der obersten manifesten Ebene zwischen den beiden Kollegen kann als ein Ausweichmanöver vor einer vertieften Organisationsberatung fehlinterpretiert werden, gleichwohl sind die Männer auch >Opfer< eines institutionellen Verschiebungsprozesses, den sie aber als >Täter> aktiv gestaltet haben. Wir erinnern uns an Peter Heintel (s. Kap. I), wenn er sagt, weil die Konflikte "leiblich-seelisch" beim Einzelnen verortet sind und somit eine ganz bestimmte Ausprägung des jeweiligen Widerspruchs darstellen, sollte hier mit der Bearbeitung begonnen werden.

In den Ausführungen wird deutlich, dass die Führung nicht bereit war, sich diesen Themen zum jetzigen Zeitpunkt zu stellen, so dass es nur bei einer Empfehlung zum Strategie-Coaching geblieben ist. Dennoch schien es mir angemessen, durch die Vorsondierungen diesen Konfliktzipfel zu bearbeiten, und zwar im gemeinsam erarbeiteten Wissen um die Komplexität der anderen Themen. Das Besondere an diesem Fall ist, dass wir es hier mit zwei Hierarchieebenen zu tun haben. Die Geschäftsführerin und ihr Stellvertreter waren wie selbstverständlich während der Mediationsphase dabei. Ich hätte es für unangemessen gehalten, sie hier auszuschließen, auch wenn das ihre Führungsrolle unterstrichen hätte. Andererseits muss man bedenken, dass es sich um einen relativ kleinen Verein handelt, in dem der face-to-face-Kontakt sehr ausgeprägt ist. Zudem wurden in der Mediation keine Geheimnisse veröffentlicht, der Leitung war der Konflikt bekannt und von ihr ja auch als solcher benannt.

4. Verfahrensmix: Coaching, Mediation und OE

Günther Möller schildert einen Fall, in dem er von einem Geschäftsführerpaar als Coach angefragt wurde, das einmal ein Beziehungspaar war. Es handelt sich um ein kleines, innovatives und erfolgreiches Dienstleistungsunternehmen, das zwölf feste und ebenso viele freie Mitarbeiter beschäftigt.

Anfragen dieser Art hatten wir auch in unserem Institut mehrere. Meist handelte es sich um Startup-Unternehmen, die sich im Laufe der Jahre so gut entwickelten, dass Mitarbeiter eingestellt werden konnten. Die Gründer waren entweder Paare oder Freunde, die sich vom Studium her gut kannten. Die Expansion des Geschäftes zeigte dann ihre Schattenseiten: Liebesbeziehungen brachen auseinander, da sich die Lebensentwürfe veränderten, Freundschaftsbeziehungen wandelten sich zu Geschäftsbeziehungen. Finanzen, Projekte und funktionale Arbeitsstrukturen ließen sich nicht mehr am Küchentisch besprechen, die Beziehungen formalisierten sich ebenso wie die Unternehmensstrukturen. Nicht alle konnten und wollten sich dem Diktat der Betriebswirtschaft beugen und trauerten den alten Zeiten des spontanen und kreativen Werkelns nach. Und aus Liebespaaren wurden jetzt Geschäftspartner. Rollen formalisierten sich, Machtkämpfe und stiller oder offener Widerstand waren die Folge. Die Beratungsanfragen hatten unterschiedliche Überschriften: Coaching, Mediation, Moderation, Supervision und seltener Organisationsentwicklung. Immer handelte es sich um ein verworrenes Knäuel aus persönlichen Enttäuschungen, Wut und Ärger und Anforderungen den Betrieb nicht nur am laufen zu halten, sondern auch weiterzuentwickeln. Die Beratungen pendelten zwischen Mediation und Organisationsentwicklung. Mediation, um die gestörte Kommunikation durch die dahinter verborgenen Enttäuschungen und Wünsche zwischen den Beteiligten wieder herzustellen und Organisationsentwicklung, um für das kleine Unternehmen angemessene Strukturen und Rollen zu entwickeln.

In dem geschilderten Fall von Möller war der Anlass der Beratungsnachfrage ein Konflikt zwischen dem ehemaligen Paar, weil sich zwischen ihnen eine Spaltung in "good boy" und "bad girl" manifestiert hat, die auch von den Mitarbeitern verstanden wird zu nutzen: Man weiß, an wen man sich wenden muss, um am schnellsten zum Ziel zu kommen. Über die Art das Unternehmen zu führen bestehen grundlegend unterschiedliche Vorstellungen.

Ein OE-Prozess zur Verbesserung der Aufbauorganisation und der Führungsstruktur ist weitgehend abgeschlossen. Eine in diesem Rahmen durchgeführte Mitarbeiterbefragung bestätigt den Eindruck des Geschäftsführerteams: Die Mitarbeiter äußern große Unzufriedenheit mit dem Informationsfluss, mit der Kommunikation im Unternehmen, der Führung, "gestörtes menschliches Miteinander", fehlende Zielsetzung u.a.m. "Hinter vorgehaltener Hand wird über die Geschäftsführung geschimpft, Fraktionen sind entstanden, die Stimmung ist Berichten zu Folge gedrückt und gelegentlich eiskalt." (S. 168) Das Beratungsinstitut schlägt den beiden Geschäftsführern deshalb ein Coaching mit einem Kollegen vor, das von beiden angenommen wird.

Der Berater schlägt als ersten Schritt Einzelgespräche mit den beiden Geschäftsführern vor, um abzuchecken,

- "wie zufrieden bzw. ausgeglichen jeder für sich in seinen Lebensbereichen Beruf (und Geld), Familie/Partnerschaft, Freundschaften und Gesundheit/Fitness ist",
- wie die "jeweilige persönliche Bewertung der Lage im Unternehmen" ist und
- wie das Bild von der Mitarbeiterzufriedenheit gesehen wird.

In der Zusammenfassung zeigt sich, dass beide mit ihrem Einkommen zufrieden sind, aber zu viel Zeit im Unternehmen verbringen. Beide haben befriedigende neue Partnerschaften. Die Lage im Unternehmen sehen beide kritisch.

Im folgenden gemeinsamen Coaching schlägt der Berater die bekannten Gesprächsregeln vor, wie wir sie aus der Mediation kennen (aussprechen lassen, nicht verletzen, offen von sich sprechen). Als ersten Schritt geht es darum, "den Konflikt zwischen den beiden, die Spannungen, Enttäuschungen und Erwartungen aneinander auf den

Tisch zu bekommen". Dazu schlägt er vor, dass jeder der beiden dem anderen sagt:

1. „...was ich an Dir und Deiner Arbeit besonders schätze"
2. „...was ich Dir gerne (oder: schon immer mal) sagen möchte"
3. „...was ich mir in Zukunft anders / von Dir wünsche"

Die Ergebnisse werden in einer Tabelle visualisiert. In der Mediation entspricht dies dem Schritt >Konfliktdarstellung< und zeigt gleichzeitig die Möglichkeiten der Kreativität, die möglich und gefordert sind, um den Raum zu eröffnen, der Verhandeln und Aufeinanderzubewegen ermöglicht. Die Punkte 2 ("was ich Dir gerne sagen möchte") und 3 (Wünsche) hätte ich für die Phase >Konflikterhellung< aufgehoben. Aber offensichtlich ging es dem Berater schon in diesem Stadium darum festzustellen und festzuhalten, dass die beiden eine ausreichende Chance auf eine Einigung haben und sie durch die Resultate ermutigt werden, sich auf den Klärungsprozess einzulassen.

Im nächsten gemeinsamen "Coaching" - dem Wesen nach handelt es sich um Mediation - klärt er die Interessen der beiden, und zwar sowohl die Einzelinteressen als auch die gemeinsamen Interessen und Ziele. Deutlich wird, dass der Beziehungs- und Zielkonflikt zwischen dem Geschäftsführerpaar das Unternehmen in der Arbeit und Entwicklung behindert. Beide sind unglücklich über die polarisierten Rollen, in gegenseitigen Vorwürfen werden die Verletzungen deutlich, der Konflikt eskaliert. Der Berater schreibt: "Es kommt zum Knall", der sich wie folgt darstellt:

- Sie: "Regeln sind verbindlich. Chaos im Büro! Frustration. Auch Du musst Vorbild sein!"
- Er: "Projekte haben Vorrang. Die Kreativität wird gebremst! Die Motivation ist wichtiger! Das muss auch für Dich gelten!"

Mit dieser Entladung hört die Sitzung auf. Nun kann man aus mediatorischer Sicht fragen, warum der Berater die gegenseitigen Entwertungen zugelassen hat, wo er doch zu Beginn die Gesprächsregeln vereinbart hat? Ich vermute, dass der Druck auf dem Kessel nicht zu bremsen war. Vielleicht war es sogar hilfreich, hier im geschützten Rahmen, im Wissen um eine nächste Sitzung, erst mal den angestauten Dampf abzulassen, eine Strategie, die auch Thomann vorgeschlagen hat (s. S. 52).

In der Folgesitzung arbeitet der Berater nach dem Modell >Gewinner-Gewinner< (win-win) weiter, in dem die positiven Absichten der beiden herausgestellt werden. “So gelingt es, die heißen Gemüter zu beruhigen, den Beziehungskonflikt zu bearbeiten und Angebote aneinander zu formulieren. Dies ist der Zeitpunkt der Wende: Die GFs sprechen über ihre jeweiligen Ziele, sie erkennen, dass die Führung des Unternehmens nicht mehr die große gemeinsame Perspektive ist.”

Dieser beschriebene Wendepunkt eröffnet den Weg, nach Lösungsoptionen zu suchen, der beiden gerecht wird und zu einer Vereinbarung über die künftige Zusammenarbeit führt. So ist der Weg frei, im Rahmen des Organisationsentwicklungsprozesses an den Strukturen etc. weiter zu arbeiten.

Der Coach begleitet die beiden noch ein halbes Jahr weiter, um sie beim Austarieren ihrer neuen Führungsrollen zu unterstützen. Dann kommt es zu einer zweiten Wende: Die Geschäftsführerin entscheidet sich aus dem Unternehmen auszusteigen und auch ihren Wohnort zu verlegen. Sie bleibt dem Unternehmen aber als Beraterin verbunden. Die Führungsaufgaben übernimmt nun der Geschäftsführer in alleiniger Verantwortung.

Im Bilanzgespräch nach einem Jahr äußern sich beide zufrieden mit der Lösung, sie haben ihre Rollen gefunden und können sich gegenseitig akzeptieren und unterstützen. Die Mitarbeiterzufriedenheit hat sich deutlich verbessert.

***Einschätzung*:** Das Fallbeispiel spiegelt m.E. sehr schön wider wie kreativ und flexibel Organisationsmediation[77] angelegt sein kann bzw. muss, will sie den Beteiligten zur gewünschten Lösung verhelfen. Wir können hier nicht starr nach den klassischen Mediationsschritten vorgehen. Wenn der Autor hier von Coaching spricht, mag dies seinem professionellen Selbstverständnis entsprechen, bei genauer Betrachtung finden sich dennoch zahlreiche Elemente der Mediation wider, auf die ich z.T. hingewiesen habe. Für besonders interessant halte ich die erste Phase der gemeinsamen Beratung. Durch seine Feedbackfragen versucht der Berater einen guten Boden zu schaffen, der die Voraussetzung gewesen sein könnte, dass die beiden sich auf den Prozess einlassen. Im Gegensatz zu ihrem Alltagserleben, charakterisiert durch unüberwindliche Gegensätze, erleben sie hier, dass es trotzdem ausreichend Gemeinsamkeiten gibt, um sich auf die Fahrt mit unbekanntem Ausgang einzulassen.

Die Verbindung von OE-Prozess und Mediation wird auch hier deutlich. Die Mediation war auch in diesem Fall eine längere Notfalloperation des Führungsteams. Der Strukturprozess konnte nicht weitergehen, weil die Beziehungsebene zwischen den Geschäftsführern alle anderen Dinge überlagerte und beeinflusste. Erst als auf der Beziehungsebene wieder gegenseitiges Vertrauen hergestellt werden konnte, war es möglich, an den individuellen und betrieblichen Zielen zu arbeiten, um dann den OE-Prozess fortsetzen zu können.

In diesem Falle wurde die Mediation - hier als Coaching beschrieben - in den OE-Prozess integriert. Anita von Hertel schildert einen umgekehrten Vorgang, wie nämlich in der Mediation eines Familienunternehmens der Gründungsvater ein Coaching erhielt. Hier wurde der Mediationsprozess mit Zustimmung aller unterbrochen, um dem Gründer die Chance zu geben, für sich Perspektiven zu entwickeln, um besser loslassen zu können und für sich neue Zukunftsaussichten auszuloten. Danach wurde die Mediation fortgesetzt und erfolgreich mit einer Vereinbarung abgeschlossen. Dies lässt sich dahingehend verallgemeinern, dass ein Coaching – vielleicht sogar im Rahmen der vorher vereinbarten optionalen Einzelgespräche – in besonders verhärteten Konflikten sinnvoll ist. Gerade um Führungskräfte vor Gesichtsverlust zu schützen, scheint mir dies eine mediationsadäquate Möglichkeit zu sein.[78]

Kapitel IX

Internes Konfliktmanagement

Das Wort "Konfliktmanagement" macht die Runde, ist dabei aber ebenso wenig griffig wie konkret. Als kleinsten gemeinsamen Nenner könnte man sehen, dass sich eine Organisation dem Thema in irgendeiner Weise gestellt hat und zumindest akzeptiert, dass es in ihrem Ablauf Konflikte gibt. In der Regel aber fehlen klare Strukturen für ein gezieltes innerbetriebliches Konfliktmanagement. Es reicht nicht aus, einen internen oder externen Ansprechpartner für die Mitarbeiter zu benennen, an den sie sich bei Konflikten wenden können.

Diese Erfahrung habe ich selbst gemacht. Angesprochen vom Juristen der Rechtsabteilung einer großen Bundesbehörde, werde ich dort als Konfliktvermittler geführt. Die Bedingungen scheinen auf den ersten Blick optimal. Das Honorar ist ausgehandelt, Vertrauensschutz für die Beteiligten ist zugesichert und damit das auch umgesetzt werden kann, sollen die Beratungen außerhalb der Institution in meinen Räumen stattfinden. Doch das Ergebnis ist ernüchternd. Obwohl die Behörde über 1.000 Mitarbeiter beschäftigt, ist es in keinem einzigen Fall zu einer Beratung gekommen. Wie lässt sich das erklären?

Der besagte Jurist investiert in seiner Abteilung einen Großteil seiner Energie in Auseinandersetzungen zwischen Mitarbeitern und Vorgesetzten, oftmals ist der Personalrat ebenfalls involviert. Die Streitigkeiten landen in vielen Fällen bei den Richtern des Arbeitsgerichts, die Ergebnisse sind für alle Beteiligten meistens unbefriedigend. So auch für unseren Juristen, wenn der Streit so entschieden wird, dass er als Konflikt in der Behörde verbleibt.

Von daher war sein Ansinnen, einen externen Konfliktvermittler den Streitparteien zur Seite zu stellen, ein gutgemeinter und konstruktiver

Schritt. Was in dieser Behörde nicht gelang, war die Führungskräfte einzubinden und für das Verfahren zu gewinnen. Dies erfordert einen intensiven Organisationsentwicklungsprozess unter Einbeziehung aller relevanten Gruppen im Betrieb. Wie das folgende Beispiel einer Berliner Behörde zeigt, kamen dort nach Einführung eines Konfliktmanagements zum überwiegenden Teil Konflikte zwischen Vorgesetztem und Mitarbeiter zur Beratung. Und diese Angst (bei Führungskräften) könnte auch in der besagten Bundesbehörde für die Versandung des gutgemeinten externen Angebots ausschlaggebend gewesen sein. Ohne die innere Bereitschaft der Führungskräfte – sie sind die für das Konfliktmanagement Verantwortlichen – trägt ein solch innerbetriebliches Konfliktlösungsverfahren nicht. Auch die Mitarbeitervertretungen müssen sich auf einen Umdenkprozess einlassen. Viel zu häufig fühlen sie sich einseitig als Beistand für die Mitarbeiter und eskalieren dadurch in vielen Fällen die Konflikte, in dem sie auf der Rechtsebene beraten.

Nun ist gegen die Rechtsebene grundsätzlich nichts einzuwenden, sie sichert Arbeitnehmern wie Arbeitgebern Möglichkeiten zur Durchsetzung ihrer Positionen. Wie wir wissen, bleiben beim Streit um Positionen die dahinter liegenden Interessen im Dunkeln. Im zugespitzten Konflikt ist eine Einigung im beidseitigen Einvernehmen nicht möglich, da die Chance zum Verhandeln vertan wurde. Bei Arbeitsgerichtsprozessen gibt es meist nicht nur einen Verlierer, sondern zwei. In einem Falle habe ich es erlebt, dass eine Richter im Verfahren den Streitparteien eine Mediation empfohlen hat und den Prozess für die Dauer aussetzte. Eine Wissenschaftlerin eines großen Forschungsinstituts klagte gegen ihre Versetzung in eine andere Abteilung, die sie als für sich benachteiligend empfand. Der Arbeitsgeber bestand auf der Versetzung, da der Betriebsrat aber auch Einwände geltend machte, nahmen beide Seiten das Angebot zur Mediation an. Im Ergebnis änderte sich zwar nichts an der Umsetzung, es gelang aber als kleiner Erfolg, dass die Wissenschaftlerin und ihr voriger Gruppenleiter wieder ins Gespräch kamen. In der ersten Sitzung wunderten sich beide, dass sie trotz der belastenden Situation sogar zusammen lachen konnten. Da die Wissenschaftlerin mit ihrer alten Abteilung in überschneidenden Forschungsvorhaben weiterhin kooperieren musste, war zumindest durch die Mediation dieser Weg nicht abgeschnitten.

Andrea Budde[79] war maßgeblich an der Konzeption und Durchführung eines von der Landesregierung NRW und dem Europäischen Sozialfond geförderten Projekt zur Qualifizierung betrieblicher Konfliktlotsen beteiligt. Dieses Modell des Konfliktlotsen, eines Begleiters, der die Konfliktparteien durch die stürmische See manövriert, sie ermutigt, auch Gefahrenstellen sicher zu umschiffen, um zu einer eigenständigen Lösung zu gelangen, ist inzwischen in vielen Organisationen zum Vorbild internen Konfliktmanagements geworden. Auch das unten angeführte Beispiel ist ein solches. Vorreiter in Deutschland waren die Konfliktlotsen in der Schule. Dies sind speziell geschulte Schüler einer meist höheren Klasse, an die sich streitende Schüler wenden können.

Beispiel: Bezirksamt Friedrichshain-Kreuzberg von Berlin

Im Jahr 2005 hat der Bezirk[80] für seine Verwaltung (rund 3.600 Mitarbeiter) eine Dienstvereinbarung zur „Betrieblichen Konfliktbearbeitung" verabschiedet. Dem voraus gegangen war eine zweijährige Vorlauf- und Planungsphase. Den Anstoß gab eine breite Unzufriedenheit mit der bereits bestehenden Dienstvereinbarung "Mobbingabwehr", weil sich in der Praxis zeigte, dass kein ausreichender Rahmen für die Vermittlung in weniger eskalierten Konflikten zur Verfügung stand. Exemplarisch dafür werden in einer Dokumentation[81] zwei Aspekte angeführt:

"Der Fokus auf ein vermeintliches Mobbing unterstellt, dass es eine eindeutige Täter-Opfer-Beziehung gibt. In der Praxis zeigte sich aber, dass es kaum eindeutig nachweisbare Mobbingfälle gab. In den überwiegenden Fällen ist einer solchen Anschuldigung ein Prozess mit gegenseitigen konflikteskalierenden Aktionen und Unterlassungen der beteiligten Konfliktparteien vorausgegangen.

Der Auftrag der Mobbingbeauftragten umfasste die Klärung des konfliktträchtigen Sachverhalts und die Verhinderung von Mobbing, sofern ein solches vorlag. Im Grunde endete aber ihre Zuständigkeit, wenn sich ein Mobbingverhalten nicht eindeutig feststellen ließ." (2006, S. 3)

Um eine solche Vereinbarung im organisationellen Alltag die nötige Durchsetzung zu verschaffen, müssen alle relevanten Gruppen am Entstehungsprozess beteiligt werden. In diesem Falle bildete sich auf Anregung der Beschäftigtenvertretungen eine Arbeitsgruppe, die im Auftrag des Bezirksamtes ein Konzept zum konstruktiven Umgang mit Konflikten entwickeln sollte. Zusammengesetzt war dieser Kreis aus Führungskräften, Mitarbeitern und Beschäftigtenvertretungen sowie der Bürgermeisterin. Sie entwickelten ein eigenes Modell der Konfliktbearbeitung, das nach Verhandlungen zwischen der Dienststellenleitung und den Beschäftigtenvertretungen erfolgreich in eine Dienstvereinbarung mündete. "Ansatz der Dienstvereinbarung ist die Akzeptanz von Konflikten als einem natürlichen Bestandteil in der Zusammenarbeit innerhalb einer jeden Organisation. Es geht daher künftig um die Entwicklung einer Kultur, die eine konstruktive Bearbeitung von Konflikten fördert. Die Dienstvereinbarung soll hierfür den erforderlichen Rahmen (Verfahrenssicherheit), den Schutz (Vertrauensschutz) und die Möglichkeiten bieten, dass Menschen sich auf einen Konfliktbearbeitungsprozess einlassen können, sofern sie dies selber wollen (Freiwilligkeit)." (1. Bericht, S. 4)

Aber eine Arbeitsgruppe allein macht noch keinen Sommer. Die offenen und verdeckten Vorbehalte und Widerstände gegen alles Neue sind bekannt. Um dem zumindest vorzubeugen oder die Vorbehalte abzuschwächen, haben die Initiatoren das Verfahren top-down implementiert. So gab es Workshops und Schulungen für die Bürgermeisterin, die Stadträte, AbteilungsvertreterInnen, den Personalrat, Frauen- und Schwerbehindertenvertreterin und die Jugend- und Auszubildendenvertretung. Alle Gruppen im Amt sollten einbezogen und mit dem Verfahren vertraut gemacht werden, um die Umsetzung nicht zu blockieren.

Erst dann wurden fünfzehn Konfliktberater nach einem Auswahlverfahren ernannt und durch die Bürgermeisterin in dieser Zusatzfunktion bestätigt. Im ersten Jahr wurden zehn von ihnen als Konfliktberater in Anspruch genommen. Von den Angesprochenen verfügen drei über eine Mediationsausbildung, einer ist Mediator und Supervisor und je zwei sind Supervisorin bzw. Familientherapeutin, bei zweien fehlt die Angabe. Alle Ausgewählten wurden durch einen externen Mediator auf ihre Aufgabe vorbereitet und geschult. Die zentrale ‚Koordinierungsstelle Konfliktregulierung' unterstützt die Konfliktberater bei ihrer Arbeit und organisiert Fortbildungsmöglichkeiten. Die Konfliktparteien wenden sich vertrauensvoll an einen Konfliktberater, dieser meldet der Stelle lediglich, um was für eine Art von Konflikt es sich handelt und wie er abgeschlossen wurde. Falls es nicht zu einer Vermittlung zwischen internem Konfliktberater und den Streitparteien kommt, ist auch eine externe Mediation möglich.

Interessant ist, wie sich das neue Konfliktvermittlungssystem entwikkelt hat. Im ersten Jahr fanden 22 Vermittlungen statt, im Jahr darauf nur noch 13, was die Autoren auf die intensivere Beratung im Vorfeld zurückführen. Der durchschnittliche Beratungsaufwand pro Vermittlung erhöhte sich von ca. 5 Stunden (2006) auf ca. 6,5 Stunden (2007).

Interessanter noch finde ich die Erhebungen hinsichtlich der Positionierung der Konfliktparteien. Zu meiner Überraschung handelte es

	2007			2006		
Übersicht	Fälle	Kontakte mit Parteien	Zeit in h	Fälle	Kontakte mit Parteien	Zeit in h
Beratungen (einer Konfliktpartei ohne anschließende Vermittlung)	24	41	44,92	16	25	55,8
Vermittlungen (zwischen Konfliktparteien einschließlich vorangegangener Beratungen)	13	58	84	22	62	111,5
Summe:	**37**	**99**	**128,92**	**38**	**87**	**167,3**

Abb. 17: Beratungen und Vermittlungen 2006 und 2007 (2. Bericht, S. 3)

sich in beiden Jahren um über 70% hierarchieübergreifende Konflikte, also zwischen Mitarbeiter und Vorgesetztem. In allen Fällen waren es Zweipersonenkonflikte.

Die Annahme drängt sich auf, dass Mediation sich hier als Instrument der Personalentwicklung bewährt hat. Aufgrund der Verschwiegenheitszusicherung wissen wir leider nichts Genaues über die Konfliktursachen, nur dass in 2/3 aller Fälle "persönliche" oder "persönlich-strukturelle" Gründe Anlass für die Vermittlung in den Konflikten waren.

Konfliktursachen 2007

2007 wurden erstmals unter Beachtung der Anonymität und des Vertrauensschutzes Konfliktursachen erfasst. Die Zuordnung der Konfliktursachen erfolgte nach folgender Systematik:

- **persönliche Ursachen**
- **strukturelle Ursachen**
- **persönliche und strukturelle Ursachen**

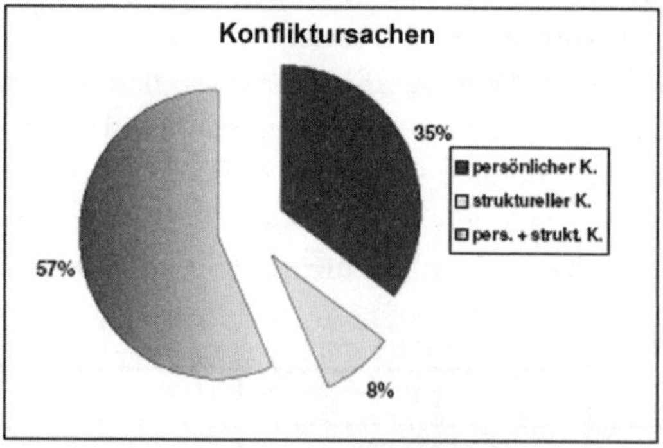

Als *persönliche Konflikte* wurden diejenigen eingestuft, bei denen zum Beispiel Werte, Verhalten, Arbeitsweisen, Zielsetzungen von denen der anderen Konfliktpartei(en) abwichen, so dass sie Konflikte auslösten. Bei *strukturellen Konflikten* kam der „Auslöser" für den Konflikt von außen, zum Beispiel durch Strukturveränderungen oder auch einen anderen Zuschnitt von Arbeitsaufgaben. Die Grafik zeigt, dass in 57 % der Fälle *persönliche und strukturelle* Ursachen Konflikte bewirkten. Konflikte, die ausschließlich durch strukturelle Maßnahmen entstanden, machten lediglich einen Anteil von 8 % aus.

Abb. 18: Konfliktursachen 2007 (2. Bericht, S. 5)

Der neuste Bericht aus dem Jahre 2008[82] zeigt eine ganz interessante Entwicklung: Die Zahl der Vermittlungen stieg gegenüber dem Vorjahr nur unwesentlich um 2 auf insgesamt 15, und die Beratungen ebenso. "Die Entwicklung beruht nach allgemeiner Einschätzung der Konfliktberater darauf, dass Konfliktparteien die Konfliktregulierung zunehmend für die Reflexion der eigenen Situation und für die Entwicklung von Handlungsstrategien nutzen." Man könnte vermuten, dass die internen Mediatoren hier so eine Art niederschwelliges Coaching durchgeführt haben.

Der Bericht beantwortet noch eine Frage, die uns zu Beginn einer Mediation oft gestellt wird, nämlich "Wie lange dauert es denn?" Zwischen 2006 bis 2008 stieg die durchschnittliche Konfliktvermittlung von 3,8 auf 4,3 Stunden. Ein Beweis dafür, dass Mediation in der Tat ein sehr kurzes Verfahren ist.

Fazit

In Organisationen eine breit akzeptierte und in Anspruch genommene Konfliktkultur via Mediation zu implementieren ist ein meist steiniger und langer Weg, und ebenso großer Anstrengung bedarf es, das System aktiv zu halten und mit Leben auszufüllen. Initiativ werden oft die Personalentwicklungsabteilungen und Gesundheitsmanager oder wie in diesem Falle die Mitarbeitervertretungen. Denn bei ihnen laufen die Fäden der Unzufriedenen zusammen. Wenn sich Mitarbeiter an ihre betriebliche Interessenvertretung wenden, hängt es nach meinen Erfahrungen in erster Linie von ihrem Selbstverständnis ab, wie sie sich im Konfliktfall verhält. Sieht sie sich einseitig als Anwalt des betroffenen Mitarbeiters, kann es vorkommen, dass dadurch die Belange der anderen Kollegen in Mitleidenschaft gezogen werden, z.B. wenn sich ein Mitarbeiter in einem Team als hochgradig unkooperativ zeigt.[83]

Prädestiniert sind die Personalabteilungen (PE), sie kennen die Strukturen, sind durch ihre speziellen Fort- und Weiterbildungen (Mediation, Supervision, Coaching) in der Lage nach alternativen Konfliktlösungen zu suchen. Das können interne wie auch externe Unterstützungsangebote sein. Wenn Mitarbeiter zuerst in der Krankheit eine Konfliktlösung sehen, oder Vorgesetzte die Versetzung oder gar Kündigung eines Mitarbeiters als Ausweg aus einem Konflikt nutzen wollen, lassen sie sich nicht vorschnell auf die angebotene Täter-Opfer-Variante ein. Wenn es ihnen gelingt, zur obersten Führungsebene und zur Mitarbeitervertretung ein vertrauensvolles Verhältnis aufzubauen und Überzeugungsarbeit für ein internes Konfliktmanagement zu leisten, wird es im Laufe der Zeit Früchte tragen. Das heißt immer: Das Bohren dicker Bretter, schnelle Erfolge sind nicht zu erwarten. Im Grunde hat diese Vermittlungsarbeit bereits mediative Aspekte, geht es doch darum, scheinbar widerstrebende Interessen (Arbeitgeber vs. Arbeitsnehmer) zu balancieren.

Die Personalentwicklung als Keimzelle und später als Sachwalterin eines internen Konfliktmanagements zeigt anschaulich, dass Veränderungsprozesse auch down-top angestoßen werden können und das Top-Management dann entscheidet, ob es in den Zug einsteigt oder ihn vorbeifahren lässt.

Nun ist es freilich eine Überhöhung der Mediation, sie zum alleinigen Gralshüter des Konfliktmanagements zu machen. In den meisten Organisationen sind viele Berater am wuseln, die in ihrem Kontext auf Konfliktdynamiken stoßen, die sie mit ihren Klienten händeln müssen. Da sind die Organisationsberater, die Supervisoren, die Coaches etc. Dieser Schatz an unterschiedlichen Erfahrungen und Wahrnehmungen aus den verschiedenen Perspektiven wird meist verschenkt, weil nicht alle Berater an einem Tisch versammelt werden. So würde die Organisation viel über sich erfahren, könnte Perspektiven und Aufträge abstimmen und der ganze Erkenntnisgewinn würde sie überdies keinen zusätzlichen Cent kosten!

Anmerkungen

1 G. Conrad, H. Pühl (1983): Teamsupervision – Gruppenkonflikte erkennen und lösen, Berlin
2 Das Buch von Oboth & Seils könnte ein Beispiel dafür sein. Gleichwohl legen die zahlreichen Praxisbeispiele Zeugnis davon ab, wie vielgestaltig Mediation zum Einsatz kommen kann.
3 Vgl. Kunkel 2003
4 Seinen Ausführungen ist zu entnehmen, dass er Mediation nicht aus eigener Erfahrung kennt und wohl auch nicht über eine entsprechende Ausbildung und Erfahrung verfügt, sonst würde er die Win-Win-Lösung nicht als eine von Mediatoren behauptete polemisieren.
5 Vgl. Pühl 2008, S. 103f.
6 Gegen die von Schwarz unterschiedenen Konfliktarten wendet Friedrich Glasl (1997, S. 56) ein, dass er sich "dabei hauptsächlich an den (von der Drittpartei definierten) Streitpunkten bzw. Kernthemen der Auseinandersetzung" orientiert. Ferner kritisiert er, dass der Autor in seiner Darstellung der Konfliktlösungsansätze sich selbst nicht mehr auf die getroffenen Unterscheidungen bezieht.
7 Zum Gegensatz zu "kalten Konflikten", die unter der Decke zwar brodeln, aber für die sich kein Konfliktprotagonist zur Verfügung stellt.
8 Vgl. Hantschk 2009
9 Der Begriff erinnert an Ernst Bloch.
10 Glasl, Kalcher, Piber 2005, S. 26ff
11 Schwarz 2005, S. 50
12 In Anlehnung einer Veröffentlichung in OSC 4/2002: "Wenn die Arbeitsfähigkeit bedroht ist"
13 Z.B. durch Vertriebsvereinbarungen, vgl. Budde 2003
14 vgl. H. Pühl (2008), Angst in Gruppen und Institutionen, Berlin (4. Aufl.)
15 vgl. Kerntke 2004
16 G. Schwarz hat dafür den schönen Begriff des "Seelenkontos" geprägt, d.h. alte verletzende Konflikte "warten" auf eine günstige Gelegenheit der Entladung (S. 83ff).
17 W. Kerntke hat dazu die Methode der Feedbackschleife entwickelt: Die Feedbackschleife der Organisationsmediation, Organisationsentwicklung 3/2009, S. 77-81

18 vgl. auch Heintel 2005, S. 27

19 Heintel 2005, S. 27

20 Mehr zum Thema unter: http://de.wikipedia.org/wiki/Freier_Wille/Geschichte

21 In Australien wird eine Klage nur nach vorausgegangener Mediation zugelassen.

22 siehe dazu H. Pühl: Verordnetes Coaching an der Grenze zur Organisationsentwicklung, in: Ders. (Hg.) Handbuch Supervision und Organisationsentwicklung, Wiesbaden, S. 283-288

23 In diese Krisenzeit fiel auch die Gründung der Gruppendynamik durch den deutschen Emigranten Kurt Lewin, die auch für die Supervision wegweisend war, als sie sich der Teamsupervision in den 70er Jahren geöffnet hat.

24 Heintel/ Falk 2006, S. 58

25 Personalwirtschaft, Magazin für Human Resources, 1/2003

26 Ich halte es für sinnvoll, den Begriff >Wirtschaftsmediation< für Konflikte zu reservieren, in denen es im Wesentlichen um finanzielle Ansprüche geht. Kennzeichnend für Mediationen in diesem Kontext ist, dass die Konfliktparteien durch ihre Anwälte unterstützt werden, vgl. Lenz/Mueller 2008.

27 Ich habe ihn 2003 so bezeichnet.

28 BM-Mediatoren sind nicht speziell für Organisationsmediation ausgebildet, können hier aber tätig werden. Im Verband gibt es eine Sektion, die sich speziell mit diesem Thema beschäftigt.

29 Das trifft selbst für die relativ etablierte Trennungs- und Scheidungsmediation zu.

30 H. Pühl (1990): Handbuch der Supervision. Berlin

31 Mein erstes Buch (zus. mit G. Conrad) "Teamsupervision – Gruppenkonflikte erkennen und lösen", Berlin 1983, gibt einen guten Einblick.

32 vgl. H. Pühl "Von der Subversion zur Institutionsanalyse", Göttingen 1998

33 Wolfgang Schmidbauer hat in seinem Buch "Ein Land – Drei Generationen" (Freiburg 2009) diese Psychodynamik sehr eindrucksvoll analysiert.

34 Vgl. dazu die Berichte von G. Baer, M. Kerschbaumer, W. Ster in: H. Pühl, Handbuch der Supervision 3 (Berlin 2009)

35 Ausnahmen finden sich bei Harald Pühl "Mediation im Kontext anderer Beratungsverfahren" und bei Wilfried Kerntke, der "Mediation als Organisationsentwicklung" sieht und damit explizit mit einem ausgewiesenen Beratungsverfahren verbindet.

36 Dies gilt ebenfalls für die systemische Organisationsentwicklung: "Der Berater verspricht keine an Organisationsinhalten orientierte Expertensicherheit, hat keine fertigen Lösungen und trifft keine auf die Inhalte des OE-Prozesses bezogenen Entscheidungen. Vielmehr bietet er dem Kunden an, einen weitgehend ergebnisoffenen Veränderungsprozess professionell mitzugestalten." (Schiersmann/Thiel: 2009, S. 79)

37 Auch wenn sich beides nicht schnittgenau trennen lässt, Prozessberatung setzt immer feldspezifische Kenntnisse des Beraters voraus und sie fließen punktuell in die Beratung ein.

38 R. Königswieser u.a. haben diesen Gedanken aufgenommen und unter dem Begriff >Komplementärberatung< wieder in die Diskussion eingebracht (Komplementärberatung. Das Zusammenspiel von Fach- und Prozeß-Know-how, Stuttgart 2006). In der Ztr. Organisationsentwicklung 2/ 2009 gibt es dazu eine ausführliche Diskussion (Komplementärberatung: Quantensprung oder Übergangsphänomen?, S. 92-100

39 vgl. Morgenroth/Negt 2009

40 Die vorrangige Charakterisierung eines Verfahrens (Supervision oder Mediation) durch eine therapeutische und pädagogische Methode führt in die Irre. Hilfreicher ist es, sich am Gegenstand der Beratung zu orientieren.

41 Die Entscheidung des Beraters für ein bestimmtes Verfahren und eine methodische Orientierung wird vermutlich mit eigenen Werthaltungen korrespondieren – oder einen schutzhaften Gegenpol bilden.

42 vgl. Heintel 2009

43 Thiel 2005, S. 182f

44 vgl. H. Pühl/W. Schmidbauer, Eventkultur, Berlin 2008

45 vgl. W. Schmidbauer (2005): Vom Es zum Ich – Grundlagen der psychoanalytischen Sozialpsychologie, Berlin

46 Sehr eindrücklich beschrieben von Wolfgang Schmidbauer in seinem Buch "Ein Land – Drei Generationen" (2009).

47 Pühl 1992, Möller & Pühl 2009

48 In meinem „Handbuch der Supervision 2“ (1994) habe ich diesen Gedanken erstmals anhand des "Supervisors als Institution" entwickelt.

49 Dieser Gedanke ist inzwischen insofern zum Standard für die Beratung von Organisationen geworden: Nur ein System kann ein System beraten, ansonsten kommt es zu Zerrbildern in der Spiegelung und nicht nur das: Der einzelne Berater wird mit ziemlicher Sicherheit von der Organisationsdynamik verschluckt und damit wirkungslos. Im Beratungssystem zu ar-

beiten, heißt nicht zwangsläufig als solches konkret aufzutreten, es heißt aber mit Kollegen verbunden zu sein, die helfen, die Systemgrenzen produktiv aufrecht zu erhalten.

50 Oder mit Helmut Hallier "Mach langsam, wenn es schnell gehen soll" (2004, Freiburg)

51 Luhmann (1984) sprach in diesem Zusammenhand vom ‚Kontaktsystem'

52 z.B. die Berichte von Baer, Ster und Kerschbaumer im: Handbuch der Supervision 3

53 Kontakt entweder emotional oder sachlich-inhaltlich

54 vgl. Möller/Pühl 2009

55 M. Buchholz (1993): Dreiecksgeschichten. Göttingen, S. 8

56 vgl. H. Pühl 2008: Angst in Gruppen und Institutionen (1988, 2008)

57 vgl. H. Pühl 2008: Angst in Gruppen und Institutionen (1988, 2008)

58 Der im letzten Jahr verstorbene Soziologe Ralf Dahrendorf sprach ebenfalls davon, dass drei Dinge miteinander zu verbinden sind, und zwar: 1. die Wettbewerbsfähigkeit einer Gesellschaft, 2. die soziale Solidarität und der soziale Zusammenhang und 3. die Institutionen freier Gesellschaften. Da dieses magische Dreieck niemals in Gänze auszugleichen ist, sprach er von der schwierigen Aufgabe der Quadratur des Kreises.

59 Vgl. H. Pühl (2009b): Team-Supervision und Teamarbeit, in: Ders. (Hg), Handbuch Supervision und Organisationsentwicklung, Wiesbaden, S. 169

60 lat.: teilen, mitteilen, teilnehmen lassen; gemeinsam machen, vereinigen

61 Ch. Thomann (2008) hat den Rollentausch zu seiner bevorzugten Methode in der Gruppenmediation erkoren.

62 MEW 23, S.16, 100, 591

63 So wie wir es aus Fußballstadien kennen, nur war ich noch nie in einer solchen Veranstaltung, aber vielleicht laufen bei den Beteiligten ähnlich-unbewusste Prozesse ab, wenn sie sich mit ihrem Heimatverein identifizieren.

64 Bekannt sind von ihm folgende 5 Schritte:

1. Vorgespräch: Den Auftrag mit dem Vorgesetzen (vorläufig) vereinbaren
2. Zwischenmenschlichen Kontakt stiften
3. Konfliktthemen sammeln und Vorgehen vereinbaren
4. Sichtweisen der Konfliktpartner klären
5. Positionen in Bewegung bringen und Regelungen aushandeln

65 Glasl (1997, S.362ff) begrenzt Moderation auf die ersten beiden Konfliktstufen seiner Eskalationsstufen und begründet dies damit, dass "die an Ort

und Stelle auftretenden Probleme der Interaktion sowie inhaltliche und prozessuale Differenzen mit sofortigen ‚Selbstheilungseingriffen‘ zu korrigieren" sind. Die Konflikte sind noch nicht so weit eskaliert, dass ein "Streit um den Streit" eingesetzt hat. – Wie beschrieben, halte ich diese Eingrenzung für zu eng, eher kann ich mich der Definition von Redlich (1996, S. 31) anschließen, die zur Mediation gleichlautend aussieht.

66 H. Pühl (2005): Versuch, die Mediation in einer Organisation aus psychoanalytisch-systemischer Sicht zu betrachten, in: Triangel-Institut (Hg.), Brücken und Tücken Psychoanalytisch-Systemischer Beratung. Berlin, S. 115f

67 Siehe dazu meinen Artikel "Der institutionelle Mythos" in: H. Pühl (1998), Teamsupervision – Von der Subversion zur Institutionsanalyse. Göttingen

68 Elisabeth Rohr hebt in ihrem Artikel >Gruppenanalytische Mediation< die Bedeutung der Gruppe hervor. Auf zwei Aspekte möchte ich hinweisen: Den Umgang mit Störungen und das Verhältnis von Gruppe und Einzelnem. Ihrer Erfahrung nach können Störungen und Irritationen ein Hinweis auf strukturelle Probleme sein, die sich auch an Settingdiskussionen festmachen können. Zum anderen hebt sie die besondere Potenz von Gruppen hervor: "In der Gruppe mag sich zwar nur ein einziger bewegen, und doch besteht Gewissheit darüber, dass diese Bewegung die Gruppe als Ganzes berührt und schließlich auch zwangsläufig bewegt. Und umgekehrt ebenso." (S. 392). "Gruppenanalytische Mediation", in: B. Heinmannsberg/C.J. Schmidt-Lellek (Hg.), Interkulturelle Beratung und Mediation, Köln 2000

69 Gotthardt-Lorenz (2009) Begriff vom "sozio-emotionalen Raum" in ihrem Konzept ‚Organisationssupervision’ trifft hier genau.

70 Nichtjuristen dürfen nach deutschem Recht nicht an Verträgen mitwirken; im Gegensatz zu Österreich, das 2004 ein Mediationsgesetz verabschiedet hat, das dem Mediator weitgehende Rechte einräumt.

71 Wenn Kerntke (2004) Mediation leicht missverständlich als Form der Organisationsentwicklung proklamiert, dann können dies realistische Beispiele sein. Ansonsten halte ich seine Formulierung für übergriffig, da sie die Assoziation weckt, Mediation könne OE ersetzen.

72 Beschrieben in meinem Buch "Mediation in Organisationen" (2003), wo ich drei Programme differenziere: Erste-Hilfe-Programm, Eisbergmodell und Patchworkmodell.

73 vgl. O. Hagedorn (1996) und K. Waniorek (2003)

74 Über die Grenzen supervisorischen Handelns berichtet auch die Supervisorin und Mediatorin Carla von Kaldenkerken: "Zu oft habe ich als Mediatorin in Beratungsprozessen die Nachfolge von SupervisorInnen angetreten, die redlich bemüht waren, mit supervisorischen Methoden der Reflexion einem hoch eskalierten Konflikt auf die Spur zu kommen und ihn dadurch mit eskaliert haben." (Supervision 2/2003, S. 94)

75 Von mir gibt es zwei sehr ausführliche Falldarstellungen: Conrad/Pühl, Teamsupervision – Konflikte erkennen und lösen (Berlin 1983) und Pühl, Angst in Gruppen und Institutionen (Frankfurt 1988, Berlin 2008).

76 Das erste Beispiel bezieht sich auf eine Veröffentlichungen von mir in der OSC 3/2005, das zweite und dritte Beispiel auf gekürzte und überarbeitete Artikel aus meinen Büchern: Mediation in Organisationen, Berlin 2006, Handbuch Supervision und Organisationsentwicklung, Wiesbaden 2009.

77 Günter Irle führt diesen Fall als Organisationsmediation an: Wirkungen von Organisations- und Wirtschaftsmediation, Ztr. Supervision 2/2003, S.55-65.

78 Beispiele dazu finden sich auch bei Astrid Schreyögg (2002): Konfliktcoaching, Frankfurt/M.

79 A. Budde (2006): Betriebliche Konfliktlotsen – Der Einsatz interner Mediatoren in einem integrierten Konfliktmanagementsystem, in: H. Pühl (Hg.), Mediation in Organisationen, Berlin (3. Aufl.), S. 97-113

80 Einer von elf Berliner Bezirken (die je ca. 250 – 300.000 Einwohner umfassen und über eine eigene gewählte politische Vertretung verfügen. Im Gegensatz zu den anderen Stadtstaaten hat Berlin eine Struktur, die eher mit den Länderregierungen vergleichbar ist.

81 1. Bericht über die Umsetzung der Dienstvereinbarung Konfliktregulierung im Bezirksamt Friedrichshain-Kreuzberg (Berichtszeitraum 1.2.2005-21.12.2006); 2. Bericht... (Berichtszeitraum 1.1.2007-21.12.2007)

82 3. Bericht über die Umsetzung der Dienstvereinbarung Konfliktregulierung im Bezirksamt Friedrichshain-Kreuzberg

83 Ein Beispiel dafür finden Sie in meinem Buch "Team-Supervision: Von der Subversion zur Institutionsanalyse", S. 131ff.

Literatur

Baer, G. (2009): Das Dilemma der verdeckten Positionen – Wenn Supervisor und Leitung ihre Rolle nicht einnehmen, in: H. Pühl (Hg.), Handbuch der Supervision 3, Berlin, S. 162-166

Bausch, H. (1985): Das Gruppenberatungsmodell in der Praxisbegleitung von Erwachsenenbildnern. In: Education permanente, Revue de la FSEA, No 1, S. 13-18

Belardi, N. (1992): Supervision – Von der Praxisberatung zur Organisationsentwicklung, Paderborn

Berkel, K. (1997). Konflikttraining: Konflikte verstehen, analysieren, bewältigen. Heidelberg.

Bernfeld, S. (1925/1969): Sisyphos oder die Grenzen der Erziehung, Frankf./M.

Besemer, C. (1993): Mediation – Vermittlung in Konflikten, Baden

Bloch, E. (1959): Das Prinzip Hoffnung, 1. Bd., Frankf./M.

Boeckh, A. (2008): Methodenintegrative Supervision, Stuttgart

Budde, A. (2006): Betriebliche Konfliktlotsen – Der Einsatz interner Mediatoren in einem integrierten Konfliktmanagementsystem, in: H. Pühl (Hg.), Mediation in Organisationen, Berlin (3. Aufl.), S. 97-113

Conrad, G./ Pühl, H. (1983): Teamsupervision – Gruppenkonflikte erkennen und lösen, Berlin

Devereux, G. (1976): Angst und Methode in den Verhaltenswissenschaften, Frankfurt/M. – Berlin - Wien

Elias, N. (1995): Menschen in Figurationen – Ein Norbert Elias-Lesebuch, Opladen

Engel, F./ Nestmann, F./ Siekendiek, U. (2004): Das Handbuch der Beratung, Bd.1, Tübingen

Fisher, R./ Ury, W./ Patton, B. (2004): Das Harvard-Konzept, Frankfurt - New York (22. durchgesehene Aufl.)

Freud, S. (1917): Der Sinn der Symptome, GW XI, S. 264-281

Freud, S. (1926): Hemmung, Symptom, Angst, in: Studienausgabe Bd. VI, Frankfurt/M.

Freud, S. (1933): Neue Folge der Vorlesungen zur Einführung in die Psychoanalyse, GW XV

Glasl, F. (1997): Konfliktmanagement, Bern (5. erw. Aufl.)

Glasl, F. /Kalcher, T. / Piber, H (2005): Professionelle Prozessberatung, Bern
Gotthardt-Lorenz, A. (2009): Organisationssupervision – Raum für wachsende Anforderungen, H. Pühl (Hg.), Handbuch Supervision und Organisationsentwicklung, Wiesbaden (3. akt. und erweiterte Aufl.), S. 147-160
Groddeck, G. (1923/1979): Das Buch vom Es, Frankfurt/M.
Hagedorn, O. (1996): Konfliktlotsen. Lehrer und Schüler lernen die Vermittlung im Konflikt, Stuttgart
Hantschk, I (2009): Rollenberatung – Berufliche Rollen im aktuellen Kontext finden und gestalten, in: H. Pühl (Hg.), Handbuch der Supervision 3 – Grundlagen, Praxis, Perspektiven, Berlin, S. 209-220
Heidegger, M. (2006): Sein und Zeit, Tübingen
Heintel, P. (2005): Widerspruchfelder, Systemlogiken und Grenzdialektiken, in: G. Falk, P. Heintel, P. & Krainz, E.E. (Hg.), Handbuch Mediation und Konfliktmanagement, Wiesbaden
Heintel, P. (2006): Das "Klagenfurter prozessethische Beratungsmodell", in: P. Heintel u.a. (Hg.), Beratung und Ethik, Berlin, S. 196-243
Heintel, P. (2009: Systemreflexion und Systemgrenzen in einer entgrenzten Wirtschaft – Folgen für Beratung in und für Organisationen, in: H. Pühl (Hg.), Handbuch Supervision und Organisationsentwicklung, Wiesbaden (3. akt. und erweiterte Aufl.), S. 29-40
Heintel, P./ Falk, G. (2006): Personalumbau: Wirtschaftsmediation am Beispiel eines Bankenkonflikts, in: H. Pühl (Hg.), Mediation in Organisationen. Berlin (3. Auf.), S. 32-63
Heltzel, R. (2009): Supervision und Beratung in der Psychiatrie, in: H. Pühl (Hg.), Handbuch Supervision und Organisationsentwicklung, Wiesbaden (3. akt. u. erweit. Aufl.), S. 353-370
Hertel von, A. (2004): Wie Mediation und Coaching sich ergänzen. In: Wirtschaft & Weiterbildung 3/2004, S. 18-25
Irle, G. (2003): Wirkungen von Organisations- und Wirtschaftsmediation, in: Supervision 2, S. 55-65
Iser, A. (2008): Supervision und Mediation in der Sozialen Arbeit – Eine Studie zur Klärung von Mitarbeiterkonflikten, Tübingen
Johnsson, M. (2003): Mediation in der Supervision, Mediation durch Supervision – Oder: Sind nicht Supervisoren die besseren Mediatoren? Gedanken zur Begegnung zweier Beratungsmethoden, in: Supervision 3/2003, S. 66-71

Kerntke (2004): Mediation als Organisationsentwicklung, Bern
Kerntke, W. (2008): Interventionstiefe? Zur tatsächlichen Wirkungsmöglichkeit der Organisationsmediation, in: OrganisationsEntwicklung 2, S. 20-27
Kerschbaumer, M. (2009): Die Schwierigkeit, das Thema "Führung" zur Sprache zu bringen, in: H. Pühl (Hg.), Handbuch der Supervision 3, Berlin, S. 167-173
Knapp, P. (2006): Coaching oder Mediation zur Bearbeitung von Konflikten, in: Spektrum der Mediation 23, S. 19-24
Krainz, E. E. & Simsa, R. (2005): Die Bedeutung der Moderationstechnik, in: G. Falk, P. Heintel, E.E. Krainz (Hg.), Handbuch Mediation und Konfliktmanagement, Wiesbaden, S. 281-296
Kühl, S. (2008): Coaching und Supervision. Zur personenorientierten Beratung in Organisationen, Wiesbaden
Kunkel, R. (2003): Zum Verhältnis von Mediation und Supervision, in: DGSv-aktuell 2/2004, S. 18
Lapassade, G. (1988): Gruppen, Organisationen, Institutionen, Stuttgart
Lazar, R.A. (2009): Der Supervisor, der Einzelne und die Gruppe, in: H. Pühl (Hg.), Handbuch der Supervision 3, Berlin, S. 105-111
Lurau, R. (1971): Die institutionelle Gegenübertragung und der Analysator, in: Gruppendynamik 2
Möller, G. (2003): Geschäftsführer, Gesellschafter, Paarbeziehung – ein Knäuel?, in: E. Eyer (Hg.), Report Wirtschaftsmediation, Düsseldorf (2. erw. Aufl.), S. 167-180
Möller, H. & Pühl, H. (2009): Ethnopsychoanalyse – Zum konstruktiven Umgang mit Neuem und Unbekanntem, in: H. Pühl (Hg.), Handbuch der Supervision 3, Berlin, S. 278-291
Morgenroth, Ch. & Negt, O. (2009): Widerspruchsarbeit – veränderte Arbeitsbedingungen in den psychosozialen Arbeitsfeldern, H. Pühl (Hg.), Handbuch der Supervision und Organisationsentwicklung, Wiesbaden (3. erw. und akt. Aufl.), S. 41-54
Neumann-Wirsig, H. (Hg.) 2008: Supervisions-Tools, Bonn
Oboth, M & Seils, G (2005): Mediation in Gruppen und Teams, Paderborn
Ottomeyer, K. (2004): Das Psychodrama zwischen Psychoanalyse und kritischer Gesellschaftstheorie, in: J. Fürst u.a. (Hg.), Psychodrama-Therapie, Wien, S. 59-80
Parin P. u.a. (1991): Fürchte deinen Nächsten wie dich selbst, Frankf./M (2. Aufl.)

Pesendorfer, B. (2006): Etymologisches zu Rat und (be-)raten, in: P. Heintel u.a. (Hg.) Beratung und Ethik – Praxis, Modelle, Dimensionen. Berlin, S.14-23
Pühl, H. (1992): Supervision als praktische Ethnopsychoanalyse, in: Supervision 22, S. 38-45
Pühl, H. (2008): Angst in Gruppen und Institutionen. Berlin (4. Aufl.)
Pühl, H. / Schmidbauer, W. (Hg.) (2008): Eventkultur, Berlin
Pühl, H. (2009): Auftragsklärung – Interventionen auf dem Wege zur Konstituierung eines Beratungssystems, in: Ders. (Hg.), Handbuch Supervision und Organisationsentwicklung, Wiesbaden (3. akt. und erweiterte Aufl.), S. 91-102
Rappe-Giesecke, K. (2009): Diagnose in Supervision und Organisationsberatung, in: H. Pühl (Hg.), Handbuch der Supervision und Organisationsentwicklung, Wiesbaden (3. akt. und erweiterte Aufl.), S. 75-90
Rappe-Giesecke, K. (2009a): Wie wir uns wandeln – Ein Rückblick auf 25 Jahre Beratungstheorie und – praxis vor dem Hintergrund des triadischen Wandelmodells, in: Triangel-Institut (Hg.), Beratung im Wandel, Berlin, S. 34-58
Rappe-Giesecke, K. (2009b): Diagnose in Supervision und Organisationsberatung, in: H. Pühl (Hg.), Handbuch der Supervision 3, Berlin, S. 75-90
Redlich, A. (1996): Konfliktmoderation, Hamburg
Redlich, A. (2003): Teams verändern sich – so oder so! Konfliktmoderation in der Teamentwicklung, in: H. Pühl (Hg.), Mediation in Organisationen, Berlin, S. 125-141
Robrecht, T. (2006): Management und Mediation, in: Spektrum der Mediation 23, S. 19-24
Rohr, E. (1995): Wenn der Traum zum Alptraum wird. Zur Supervision institutionell-unbewusster Gewaltverhältnisse, in: A. Bauer/K. Gröning (Hg.), Institutionsgeschichten-Institutionsanalysen, Tübingen, S. 220-248
Rohr. E. (2000): Gruppenanalytische Mediation, in: B. Heinmannsberg/C.J. Schmidt-Lellek (Hg.), Interkulturelle Beratung und Mediation, Köln, S. 379-392
Schäffter, O. (2009): Eine Professionalisierungstheorie der Beratung als Horizont für neue Beratungsfelder, in: Triangel-Institut (Hg.), Beratung im Wandel, Berlin, S. 59-89
Scheffler, S. (1999): Teamkonflikte – ein integrativer, mehrdimensionaler Versuch, in: H. Pühl (Hg.), Supervision und Organisationsentwicklung, Opladen, S. 145-155

Schein, Ed. (2000): Prozessberatung für die Zukunft, Köln
Schiersmann, Ch. / Thiel, H. (2009): Organisationsentwicklung, Wiesbaden
Schmidbauer, W. (2005): Vom Es zum Ich – Grundlagen der psychoanalytischen Sozialpsychologie, Berlin
Schreyögg, A. (2002): Konfliktcoaching, Frankfurt/M.
Schwarz, G. (2005): Konfliktmanagement – Konflikte erkennen, analysieren, lösen, Wiesbaden
Staats, H. (2009): "Du stinkst vor Doofheit" – Eine grobe Beleidigung in der Teamsupervision, in: H. Pühl (Hg.), Handbuch der Supervision 3, Berlin, S. 174-179
Ster, W. (2009): Du hast keine Chance, aber nutze sie! Über die Verhinderung einer Team-Supervision, in: H. Pühl (Hg.), Handbuch der Supervision 3, Berlin, S. 162-166
Stock, D./ Lieberman, M.A. (1976): Methodologische Ansätze zur Beurteilung von Gesamtgruppenprozessen, in: G. Ammon (Hg.), Analytische Gruppendynamik, Hamburg
Thiel, H.-U. (2005): Methodenmix: Brücken mit und ohne Tücken – eine Diskussion, in: Triangel-Institut (Hg.), Brücken und Tücken Psychoanalytisch-Systemischer Beratung, Berlin, S. 174-184
Thiel, H.-U. (2009): Konflikte und Widerstände im Kontext der Organisationsentwicklung, in: H. Pühl (Hg.), Handbuch der Supervision und Organisationsentwicklung, Wiesbaden (3. akt. und erw. Aufl.), S. 221-250
Thomann, Ch. (2008): Klärungshilfe 2 – Konflikte im Beruf, Reinbek (3. Aufl.)
Tuckman, B.M. (1965): Development sequence in small groups. Psychological Bulletin 63, S. 384-399
Waniorek, K. (2003): Mediation und ihre strukturelle Verankerung in der Organisation Schule, in: H. Pühl (Hg.), Mediation in Organisationen, Berlin, S. 114-124
Weigand, W. (1996): Die Deutsche Gesellschaft für Supervision – Perspektiven und Ziele des Berufsverbandes, in: G. Fatzer (Hg.), Organisationsentwicklung und Supervision, Köln, S. 415-418
Weigand, W. (2009): Methodenfetischismus und Angstabwehr, in: H. Pühl (Hg.), Handbuch der Supervision 3, Berlin, S. 261-277
Wellendorf, F. (2000): Supervision als Institutionsanalyse und zur Nachfrageanalyse, in: H. Pühl (Hg.), Handbuch der Supervision 2 (überarb. Aufl.), Berlin, S. 30-40

Willke, H. (1996): Systemtheorie II: Interventionstheorie – Grundzüge einer Theorie der Intervention in komplexe Systeme, Stuttgart (2. bearb. Aufl.)

Wolf, M. (1995): Stellvertretende Deutung und stellvertretende Leitung. Funktionen und Kompetenzen des psychoanalytischen Teamsupervisors, in: H. Becker (Hg.), Psychoanalytische Teamsupervision, Göttingen, S. 126-178

Harald Pühl (Hrsg.)
Mut zur Lösung:
Konflikte in Klinik, Praxis und Altenpflege
Ein Leitfaden zur Anwendung von Mediation

Dieses Buch wendet sich an Verantwortliche und Beschäftigte, die in Einrichtungen der Patienten- und Pflegeversorgung arbeiten. Für sie bietet es eine Orientierung, wenn sie hin und wieder in ihrem Bereich Konflikte klären müssen oder selbst in einen verwickelt sind.
Da das Gesundheitswesen zum einen in besonderer Weise verrechtlicht und zum anderen durch die Themen Krankheit, Tod und Ethik gekennzeichnet ist, stellen sich für die Mediation ganz eigene Anforderungen. Das Buch schließt so eine große Lücke hinsichtlich der Mediation in Praxen, Kliniken, Altenheimen und Pflegeeinrichtungen.

Die Autorinnen und Autoren des Buches sind ausgebildete Experten auf diesem Gebiet und verfügen über praktische Erfahrungen, die sie hier anschaulich und fundiert zur Verfügung stellen. Es sind dies: Erika Bergner, Benedikta Gräfin v. Deym-Soden, Friedrich Glasl, Siegfried Lachmair, Martina Pruckner und Harald Pühl.
184 Seiten, Broschur, ISBN 978-934391-56-7, Euro 22,00, CHF 29,80

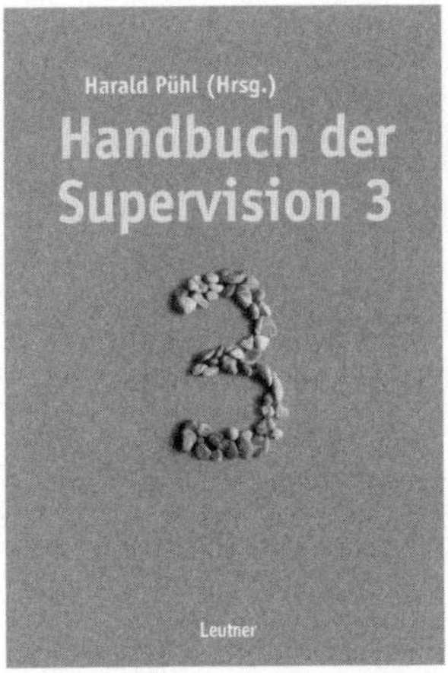

Harald Pühl (Hrsg.)
Handbuch der Supervision 3
Grundlagen, Praxis, Perspektiven

Seit 20 Jahren gibt Harald Pühl die Standardwerke zur Supervision heraus. Dafür wurde er von der ‚Deutschen Gesellschaft für Supervision' 2009 „Für besondere Verdienste um die Entwicklung der Profession Supervision" geehrt. Mit dem "Handbuch der Supervision 3" liegt der nun das aktuelle Werk vor. 36 anerkannte Supervisoren aus Deutschland, Österreich und der Schweiz geben in 5 Kapiteln einen profunden Ein- und Überblick über Theorie und Praxis dieser bewährten Beratungsmethode.

"Harald Pühl hat seit zwei Jahrzehnten mehrere Handbücher zur Supervision und Organisationsentwicklung herausgegeben und durch diese Standardwerke die Szene im deutschsprachigen Raum theoretisch und praktisch wesentlich mitgeprägt. Dabei hat er stets einschlägig bekannte und neue Autorinnen/Autoren im Hinblick auf ausgewiesene Fragestellungen zusammengeführt. Das neue "Handbuch der Supervision 3" zeichnet sich durch drei Aspekte aus, die ein bezeichnendes Licht auf die aktuelle Lage in diesem spezifischen Beratungsfeld werfen und zukünftige Desiderata formulieren. Dies betrifft die Eigenständigkeit der Supervision und ihre Gemeinsamkeiten mit den "Nachbarformaten" (Coaching und Organisationsentwicklung), schwierige Fallbeispiele aus der Praxis als Grenzerfahrungen und Forschungsansätze in der Supervision."
Organisation-Supervision-Coaching (OSC)

"Ein Buch, das supervisorisch interessierte Leser und Leserinnen unbedingt haben sollten. SupervisorenInnen in Ausbildung erhalten hier ebenso wie erfahrene oder forschende KollegenInnen und potentielle Auftraggeber vertieften Einblick in die unterschiedlichen Ebenen des Supervisionsdiskurses."
supervision

416 Seiten, Broschur,ISBN 978-3-934391-45-1, Euro 34,80/sFr 59,00